情绪掌控术

鸿雁 编著

吉林文史出版社
JILIN WENSHI CHUBANSHE

图书在版编目（CIP）数据

情绪掌控术 / 鸿雁编著. -- 长春：吉林文史出版社，2017.5
ISBN 978-7-5472-4049-6

Ⅰ.①情… Ⅱ.①鸿… Ⅲ.①情绪－自我控制－通俗读物
Ⅳ.①B842.6-49

中国版本图书馆CIP数据核字(2017)第091431号

情绪掌控术
QINGXU ZHANGKONGSHU

出 版 人 孙建军
编 著 者 鸿 雁
责任编辑 于 涉 董 芳
责任校对 薛 雨 王莹莹
封面设计 韩立强
出版发行 吉林文史出版社有限责任公司（长春市人民大街4646号）
　　　　　www.jlws.com.cn
印　　刷 北京海德伟业印务有限公司
版　　次 2017年5月第1版 2017年5月第1次印刷
开　　本 640mm×920mm 16开
字　　数 204千
印　　张 16
书　　号 ISBN 978-7-5472-4049-6
定　　价 49.00元

前　言

　　情绪，是一个人各种感觉、思想和行为的一种心理和生理状态，是对外界刺激所产生的心理反应，以及附带的生理反应，包括喜、怒、忧、思、悲、恐、惊等情绪表现。比如，高兴的时候会手舞足蹈，发怒的时候会咬牙切齿，忧虑的时候会茶饭不思，悲伤的时候会痛心疾首……这些都是情绪在身体动作上的反映。情绪最可怕的就是"失控"，有人乐极生悲，有人自怨自艾，有人绝望自杀，原因何在？主要是情绪失控！其实，每个人都像在同自己战斗，情绪掌控能力差的人就会迷失自己，成为彻底的失败者；而情绪掌控能力强的人就能控制自己内心蠢蠢欲动的想法，能调节即将喷发的怒火，缓解内心的焦虑。唯有掌控好自己情绪的人，才能在人生的道路上走得更稳、更远。

　　现代医学已经证实，情绪源于心理，它左右着人的思维与判断，进而决定人的行为，影响人的生活。正面情绪使人身心健康，并使人上进，能给我们的人生带来积极的动力；负面情绪给人的体验是消极的，身体也会有不适感，进而影响工作和生活。情绪问题如果不予理会、不妥善处理就会越积越多，最后把你的一切都搅得面目全非。成功者掌控情绪，失败者被情绪掌控。处理情绪问题的关键在于学会对各种情绪进行调适，将其控制在适当的范围内。事实上，喜、怒、忧、思、悲、恐、惊等情绪表现，恰恰是成功与失败的关键，这些情绪的组合有着非凡的意义，掌控得当可助你成功，掌控不当就会导致失败，而成功与失败完全由你自己决定。

成功和快乐总是属于那些善于控制自己情绪的人。卓越的成功者活得充实、自信、快乐，平庸的失败者过得空虚、窘迫、颓废。究其原因，仅仅是因为这两类人控制情绪的能力不同。善于控制自己的情绪的人，能在绝望的时候看到希望，能在黑暗的时候看到光明，所以他们心中永远燃烧着激情和乐观的火焰，永远拥有积极向上、不断奋斗的动力；而失败者并不是真的像他们所抱怨的那样缺少机会，或者是资历浅薄，甚至是上天不公。其实，大多数失败者失意时总是一味地抱怨而不思东山再起，落后时不想奋起直追，消沉时只会借酒消愁，得意时却又忘乎所以。他们之所以失败，就是因为他们没有很好地掌控自己的情绪。

我们不妨试着放慢生活的节奏，腾出时间给身心松绑，这样才能让自己保持积极、健康的情绪。每个人心中都有把"快乐的钥匙"，但我们却常常不知如何掌管。一个成熟的人握住自己的快乐钥匙，他不期待别人使自己快乐，反而能将快乐与幸福带给他人。只有管理好情绪，用一颗平常心去体味人生，生活的泥潭和世俗的眼光才无法将我们击倒。我们不能因为有值得快乐的事情才快乐，我们还要为自己制造能够让自己快乐的事情。学会爱自己、照顾自己，拥有健康的体魄，用全部的爱来构建幸福的家庭，给自己的家人快乐，用真心和诚意与人相处、对人友善，以从容的姿态对待生活、享受生活。只有培养快乐的习惯，训练出快乐的性格，并且怀着感恩之心，才能向着属于自己的快乐出发。善于控制情绪，才能走向成功；善于控制情绪，才能拥有快乐人生！

目　录

第三章　无法承受的心灵伤痛——悲伤爆发

第三篇　控制自己的情绪

第一章　我们为何总是情绪化——情绪认知

第二章　探究我们的情绪发生——情绪动机

第一篇

认识自己的情绪

　　情绪是人对客观事物是否符合自身需要而产生的态度体验。在现实生活中，人们时而开心快乐时而悲伤忧虑，可见情绪是极其复杂的心理现象，伴随着身体的行为表现而发生变化。那么，我们如何认识自己的情绪呢？情绪又是如何影响你的日常生活、学习和工作的呢？情绪蕴涵着怎样惊人的力量？面对当前的情绪现状，如何提升认识拥有积极情绪？

第一章　情绪是什么

情绪伴随我们一生

生活中,我们难免会有各种各样的情绪随境而生。心中愉快时,我们就会开怀大笑;心中愤怒时,我们就会横眉竖眼;心中伤感时,我们就会泣涕涟涟。这些都是情绪的表达,仿佛也是我们与生俱来的技能。但是情绪有时候也会让我们十分苦恼,一些坏情绪干扰了我们的行为与生活,也给我们带来很多负面影响。

这就是情绪,无论你是否喜欢,它都与你绑在一起,伴随我们每个人的一生。情绪是客观事物是否符合人们需要、愿望和观点而产生的主观体验,也是对现实的反映,既体现了主体对客体的关系,也反映了主体对客体的态度和观点。

情绪反应带有很强烈的个人色彩,每个人因外物而引起的情绪体验都是不同的。如当你正在安静思考的时候,一声紧急的刹车声就有可能让你心生厌烦;但若换成另外一个人,他的情绪可能就不会受这种外界的干扰,还是专注于思考中。

另外,人们在不同的时间段引发的情绪体验也会有所不同:比如一个人在前一分钟可能还觉得桌子上摆着的盆栽很漂亮,但是下一分钟可能就会觉得它既突兀又难看,原因可能就是他想起一件让自己生气的事。这种现象在我们的生活中十分普遍;又或者第一次的失败让你觉得羞愧难当，情绪低落，但是下一次的失败你就可能更快地从低落情绪中走出，失败的经验多了，也许就不会对你的情绪有负面影响。

情绪体验除了会有各方面的不同外，它还具有一定稳定性的特征，也就是形成我们所说的心境。《辞海》里这样解释："心境，心情也。心境之好，使人悦，催人奋进；心境之坏，使人颓丧，茫然无措。"当一个人处于持续的健康情绪中，心境自然而平和，他的整体心理状况是积极向上的。

但是现在很多人无法保持心境的平静，尤其是在高压力、高节奏的工作环境下，每个人的心情就像是六月的天空，瞬息万变。很多人容易被自己的情绪左右，结果不仅影响工作，还不利于自己的身心健康。

我们与情绪朝夕相处、日日为伴，所以我们应该学会调整自己的情绪，使自己的心境保持在一个平和、极佳的状态。如果你现在面临困境，那么请保持乐观，将挫折视为鞭策自己前进的动力，遇事多往好处想，多聆听自己的心声，努力在消极情绪中加入一些积极的思考；如果此刻你感到焦虑，那么就静下来理智地分析原因，冷静地恢复自信心，使自己振奋，摆脱主观臆断。如果此刻你感到抑郁，那么就可以郊游、运动、与人交谈、读书写字、听音乐、看图画等既能转移"视线"又对健康有益的活动，往往对人产生良性刺激，使你得以解脱。

另外，情绪还对生命健康有很大的影响。当心情愉悦的时候，个人的精神、体力、想象力都达到了最佳状态，这个时候不仅在工作、生活上会觉得如鱼得水，而且还能化干戈为玉帛、化疾病为健康，甚至还能把握机遇，享受成功的喜悦，从而让生命锦上添花。但是坏心情就不同，当个人情绪处于低迷消极期，不仅会觉得各种琐事、烦心事都向你涌来，让你应接不暇、招架不住，而且会整天愁眉苦脸地面对生活，不管做什么事情都不积极，导致错误百出，还经常跟别人发脾气，不愿意配合别人的工作，人际关系相当紧张，从而使心情更加消极抑郁。这时候的你茶不思、饭不想、夜不寐，长此以往，这些负面的情绪很可能诱发各种疾病，你的健康就会亮起红灯。

既然情绪是伴我们一生的朋友，我们就要把握住自己的情绪规律，从而由渐悟到顿悟，让自己的心境修成正果。当然，我们还要学会呵护、调理好心情，不断使其滋润生命，让生命更加丰盈、饱满，促使生命之花灿烂绽放。

情绪是怎么一回事

情绪与我们的生活密不可分，我们就应该时刻关注情绪，并深入地了解它。下面我们就从以下 4 个方面来认识情绪：

1. 情绪如何产生

科学研究表明，人的大脑中枢的一些特殊的原始部位明显地决定着人的情绪。但是，人类语言的使用和更高级的大脑中枢又影响和支配着比较原始的大脑中枢。影响着人的情绪和行为的主要来源是人自己的思维。另外，有些专家也指出：遗传结构只是在很小程度上决定着你是倾向于安静还是倾向于激动。而孩提时的经验和当时周围人的情绪则诱发着你的情绪萌芽。各种生理因素（如疾病、睡眠缺乏、营养不良等）可能使你变得容易激动。但是，对大部分人来说，这些因素的多寡并不能决定我们能否免受焦虑、愤怒和抑郁之苦。

我们的情绪在很大程度上受制于我们的信念、思考问题的方式。如果是因为身体的原因而使自己产生不愉快的情绪，则可借助药物来改变身体状况。但我们非理性的思维方式就像我们的坏习惯一样，都具有自我损害的特性，而又难以改变。这正是情绪不易控制的真正原因。

2. 情绪的种类

情绪的种类主要分为以下几种：

（1）原始的基本的情绪。

这类情绪具有高度的紧张性，包括快乐、愤怒、恐惧和悲哀。

（2）感觉情绪。

这类情绪包括疼痛、厌恶、轻快。

（3）自我评价情绪。

这类情绪主要取决于一个人对自己的行为与各种行为标准的关系的知觉。包括成功感与失败感、骄傲与羞耻、内疚与悔恨。

（4）恋他情绪。

这类情绪常常凝聚成为持久的情绪倾向或态度，主要包括爱与恨。

（5）欣赏情绪。

这类情绪包括惊奇、敬畏、美感和幽默。

3. 情绪的反应模式

情绪的反应模式是多种多样的，依据情绪发生的强度、持续的时间以及紧张的程度，可以把情绪分为心境、激情和应激反应3种模式。

（1）心境。

心境是一种微弱、平静、持续时间很长的情绪状态。心境受个人的思维方式、方法、理想以及人生观、价值观和世界观影响。同样的外部环境会造成每个人不同的情绪反应。有很多在恶劣环境中保持乐观向上的例证，像那些身残志坚的人、临危不惧的人都是情绪掌控的高手。

（2）激情。

激情是迅速而短暂的情绪活动，通常是强有力的。我们经常说的勃然大怒、大惊失色、欣喜若狂都是激情所致。很多情况下，激情的发生是由生活中的某些事情引起的。而这些事情往往是突发的，使人们在短时间内失去控制。激情是常被矛盾激化的结果，也是在原发性的基础上发展和夸张表现的结果。

（3）应激反应。

应激反应是出乎意料的紧急情况所引起的急速而又高度紧张的情绪状态。人们在生活中经常会遇到突发事件，它要求我们及时而迅速地作出反应和决定，应对这种紧急情况所产生的情绪体验就是应激反应。在平静的状况下，人们的情绪变化差异还不是很明显，而当应激反应出现时，人们的情绪差异立刻就显现出来。加拿大生理学家塞里的研究表明：长期处于应激状态会使人体内部的生化防御系统发生紊乱和瓦解，随之身体的抵抗力也会下降，甚至会失去免疫能力，由此就更容易患病。所以我们不能长期处于高度紧张的应激反应中。

4. 影响情绪变化的因素

影响情绪变化的因素有很多，概括起来主要有以下 3 个方面：

（1）遗传因素。

遗传因素对情绪的影响主要体现在人的高级神经活动方面。我们可根据高级神经活动类型的三个基本特征，即兴奋与抑制过程的强度、灵活性、平衡性，将受遗传影响的情绪分为四种类型：胆汁质、多血质、黏液质、抑郁质。遗传因素对情绪的影响一经产生，就很难改变。

（2）个人认知因素。

情绪是由刺激引起的一种主观体验，但刺激并不能直接导致情绪反应，而是要经过人的认知活动进行评价，而后才决定人体验到什么样的情绪。对同一事物，不同的人由于需要不同、观念不同、理解不同，情绪体验相差甚远。同样，由于认知不同，表现在不同人身上的同样的情绪，其产生的原因也可能是千差万别的。同一种刺激会产生不同的情绪，比如：迎面来了一个熟人，他并未向你打招呼，匆匆而过。如果你认为他故意装作没看到你，你的心情会很坏；如果你认为他很忙，根本没注意到你，你就不会懊恼。因此，你对事件的理解，很大程度上决定了你的情绪状态是好是坏。如果改变认知观念，转变理解角度，你就会有一个良好的情绪体验。

（3）特定的环境因素。

环境因素对人的情绪也有一定的影响。特定的环境可以增强或者减弱情绪变化的速度和强度。美丽的山水、清新的空气、宽松整洁的办公室等环境会使你心情愉快，而嘈杂的街区、拥挤的交通则无疑会让你感到烦躁。社会环境对人的影响可能更大，他人对自己的关怀、帮助，将使个体出现的焦虑、紧张、痛苦得到缓解，甚至彻底消失。

了解了这些情绪的基本知识，有助于我们下面深入探讨情绪。情绪说浅显真的很浅显，说高深也就真的很高深，需要我们每个人认真学习。

情绪是一种反应形态

情绪作为一种反应形态，有快乐、悲伤、兴奋、惊讶、愤怒、沮丧等多种表现形式。不同的原因引发不同的情绪，了解这些原因，才能更好地掌控情绪。总体来看，情绪包括生理变化、主观感觉、行为冲动和表情动作这四个方面的反应形态。每一种反应形态有其特点，并不是所有形态都必须同时出现，我们的情绪可能会通过其中的几项来表达。下面就主要介绍一下：

1. 生理变化

情绪会引起人们的某种生理反应，这是在生活中司空见惯的。比如"怒发冲冠"这四个字就是形容人极度愤怒而让头发都竖起来了，虽然有一点儿夸张，但也能很好地说明情绪反应与生理变化之间的关系。还有些人害羞时会脸红，也是情绪反应中的生理变化。反之，我们通过脸红，就可以知道这个人可能是害羞了。

另外，情绪的变化也会受人自身神经系统的控制。人的神经系统分为自律神经和向律神经。向律神经不受人的完全控制，自己会动，而自律神经则可以通过大脑的控制指令进行自我情绪调节。当你很兴奋的时候，自律神经会告诫自己要保持冷静；当你很激动的时候，自律神经又会自我调整到缓和的状态。

2. 主观感觉

不同的人面对同一种事物，反应不一定相同，这就是主观感觉特征。比如有人看到晴天会产生愉悦感，讨厌阴雨天，而有人则喜欢雨天漫步，讨厌艳阳高照。他们对于天气的不同感受也同样影响着其自身的情绪。

不同的人可以有不同的主观感觉，或高兴或生气或喜欢或不喜欢，这都是自己的情绪，与他人关系不大。即使面对相同的情况，每个人的反应也不尽相同。因此，我们要彼此尊重对方的情绪，千万不要将自己的感觉推己及人。你喜欢喝咖啡提神，有人或许喝咖啡容易犯困。假如你出于好意请对方喝咖啡一同加夜班，反而会耽误了对方的工作。错误地通过自己的主观感觉去判断别人的主观感觉，很有可能会弄巧成拙。

另外需要注意的是，主观感觉的私人化特征比较明显。对一件事物不同的主观感觉，对情绪的影响也不尽相同，"将心比心"应当站到别人的立场去想问题，观察问题，尤其不要将自己的主观感觉强加到别人头上，剥夺别人的评估能力。正所谓"己所不欲，勿施于人"。

3. 行为冲动

行为对人的情绪影响分为正面和反面的影响，好的行为能够促进积极情绪的产生，然而行为上的冲动则容易导致负面情绪产生。

比如，学生考试成绩不好，假如老师通过研究总结发现成绩下滑的原因，通过鼓励缓解学生的焦虑情绪，良好的情绪可以促进学习的进步。反之，假如老师一味打骂学生，学生就会出现抵触情绪，容易厌恶学习。因此，要在冲动之前保持冷静，才能避免冲动之后的后悔。

4. 表情动作

喜欢某种东西时会表现出高兴，厌恶某人时会撇嘴，看东西时会很专注……表情动作这一特征对于全人类来说，状态都是一样的，大家都能从表情动作上看出个人情绪的变化，这也是不需要语言的世界通用表达方式。

然而，很多情绪并不是表面上的表情动作就能体现出来的，不同的后天教育和文化的影响，表情动作表现的方式方法也不一样。

中西文化有差异，即使同样表达同一种情绪，个人采用的表情动作也会不同，西方人喜欢自然地表现出喜怒哀乐的情绪，中国人则讲究含蓄；美国人认为一个人有话就说是有能力的表现，中国人在很多时候会认为这是"出风头"，容易成为众矢之的，"枪打出头鸟"。大学生走上工作岗位，尤其要注意如何利用表情动作去合理表达情绪，不能不表现，也不要乱表现，适当地表达情绪才是比较合理的。

了解了这四种反应形态之后，我们就能更好地把握自身和他人的情绪。注意不要刻意压制自己的情绪反应，长此下去，对我们的精神与身体都是非常有害的。

人人都有情绪周期

我们的情绪好比月有阴晴圆缺一样，也会有高低起伏的周期，这叫作情绪周期。情绪周期又称"情绪生物节律"，是指一个人的情绪高潮和低潮的交替过程所经历的时间。情绪周期反映的是人体内部的周期性张弛规律。

科学研究表明，人的情绪周期从出生的那一天就开始循环，周而复始。一个情绪周期一般为28天，也不排除有的人的周期较长或较短。前一半时间为"高潮期"，后一半时间为"低潮期"。在高潮与低潮过渡的2至3天是"临界期"，这一阶段的特点是情绪不稳定，机体各方面的协调性能差，容易发生不好的事情。

人的情绪的周期性变化，如同一年里有春夏秋冬的四季变化一样。如果处于情绪周期的高潮期，就会对人和蔼可亲，感情丰富，做事认真，容易接受别人的规劝，表现出强烈的生命活力，自己本身也感觉很轻松；倘若处于情绪周期的低潮期，则喜怒无常，常感到孤独与寂寞，容易急躁和发脾气，易产生反抗情绪。

少泽有一个温柔内向的女朋友小佳，他对小佳各方面都很满意，唯独有一点让他不能理解，那就是小佳有时会莫名其妙地发脾气。事后小佳总是说自己当时就是控制不住情绪，总有一股无名之火在胸中燃烧。后来，少泽经过自己的一位学习心理学方面的朋友讲解之后，才明白原来小佳是受到了情绪周期的影响，只不过她的症状更明显一些而已。

小佳就是受情绪周期影响的典型例子，每个人的情况或轻或重，而小佳刚好是比较重的那一种，但是这都是正常的，我们应该科学正确地去看待，而不能视此为心理疾患。

具体来说，虽然女人和男人都有情绪周期，但是女人的情绪周期表现要比男人更强烈一些，下面就详细解读一下：

1. 情绪周期中的女人

一般来说，女人的情绪周期在行经前的一个星期左右及行经期间，这一期间会出现种种与经期有关的症状，例如腹胀、便秘、肌肉关节痛、容易疲倦、长粉刺暗疮、胸部胀痛、头痛、体重增加等种种身体不适；有些人还会食欲增加、显得沮丧、神经质及容易发脾气等。这是由于女性体内的荷尔蒙变化所导致的，雌激素、肾上腺素等荷尔蒙出现了变化，马上会引起到生理上的变化。心理情绪随着生理变化也会呈现一系列表征。

情绪周期不可避免，但我们可以通过记录，在周期到来之际控制自己忧郁、焦躁不安、想发脾气的心理，来避免不良情绪对身心的影响。

2. 情绪周期中的男人

人的生长、发育、体力、智能、心跳、呼吸、消化、泌尿、睡眠乃至人的情绪全部受体内生物节律的控制。男人的情绪周期也是一种正常的生物节律变化，受男性机体激素水平变化的影响。只不过，有的男人情绪周期表现明显，有的表现不明显。

男人的情绪周期受工作和工作环境的影响很大。轻松的工作和有规律的生活会使其情绪放松，男人的表现则会积极乐观；长时间的紧张工作和不规律的生活容易导致情绪周期失调，心情烦闷、急躁，情绪处于压抑的状态。

科学研究表明，情绪节律周期影响着男人们的创造力和对事物的敏感性、理解力以及情感、精神、心理方面的一些机能。在"情绪高潮"期，男人往往表现得精神焕发、谈笑风生；在"情绪低潮"期，他又变得情绪低落、心情烦闷、脾气暴躁。

男人的情绪周期体现在情感表现上，可以用"橡皮筋"来形容：亲密—疏远—亲密。通常在最初的时候，男人对你完全信任，充满爱意，两人天天在一起。不久之后，男人会心不在焉，开始疏远你，乃至不愿与你说话。经过一段时间的独处和反省之后，他会再次情意绵绵。理解男性的情绪周期的表现，两个人的相处会更加融洽。

在我们明白了情绪周期的客观存在之后，我们就要更好地利用情绪周期，首先，我们要如实记录下自己的情绪变化，这样才能描画出自己的基本情绪周期，在这里有一种简单的表格测评方法，可以有效地帮助大家。

日期 心情	1 日	2 日	3 日	……
兴高采烈＋3				
愉悦快乐＋2				
感觉不错＋1				
平平常常　0				
感觉欠佳—1				
伤心难过—2				
焦虑沮丧—3				

通过每天晚上对当天情绪的回想，在与日期相符合的表格里

打上记号，一个月之后，把记号连接起来，就可以发现情绪韵律的模式，经过几个月的概括，我们便可以知道自己情绪的高潮期和低潮期。

掌握了自己的情绪周期，可以将其运用到日常生活中。根据自己情绪周期的"晴雨表"，我们可以安排好自己的生活和工作。遇上低潮和临界期，我们可以运用意志加强自我控制，可以把自己的情绪周期告诉自己最亲密的人。一方面，让他提醒你，帮助你克服不良情绪；另一方面，避免不良情绪给自己的交往带来不便。在工作和生活中，因为人在情绪低落的时候容易畏惧不安，而在情绪高涨的时候乐意迎接挑战。我们则可以在情绪良好的时候安排一些难度大、繁琐、棘手的任务，在情绪处于低潮期的时候做一些简单的工作，放松思想，多参加群体活动，学会倾诉，寻求心理支持，切记不要强迫自己违背情绪周期的规律。

情商与情绪管理

我们所说的情绪控制与管理能力被心理学家引申为"情商"这个概念。1990年，一个心理学概念的提出在世界范围内掀起了一场人类智能的革命，并引起了人们旷日持久的讨论，这就是美国心理学家彼得·塞拉维和约翰·梅耶提出的情商概念。紧跟其后的1995年10月美国《纽约时报》的专栏作家丹尼尔·戈尔曼出版了《情感智商》一书，把情感智商这一研究成果介绍给大众，该书也迅速成为世界范围内的畅销书。

过去，人们往往认为智商比情商更重要，从而忽视了对情商的开发和培养。但现实告诉我们，情商比智商更重要。与人打交道会遇到不同性格、不同文化、不同背景的人，情商高的人，往往在工作和生活中能够如鱼得水、游刃有余。

超市等着结账的队伍排得越来越长。玛格丽特大概排在队伍的第十位,因此没有清楚前面发生了什么事。只听到有人叫来主管,要打开收款机检查,看来还得等很长时间了。

玛格丽特等得有些不耐烦了,但是理智告诉她不能发火,因为她认为出现故障也不是收银员的错。时间过去了 10 分钟,收款机还是没有修好,这时队伍远处传出喊叫声。队伍前面有个男子在骂收银员和主管:"你们是什么专业素质啊!这么大的超市怎么会犯这种低级的错误呢?你们不会修好收款机啊?没看见队伍有多长吗?我还有事,太可恶了。"

收银员和主管只好道歉,说他们已经在尽力修了,建议男子换个收款台。"为什么要我换啊?是你们的错,又不是我的错,浪费我的时间,我要给你们领导写信。"男子丢下满是物品的购物车,气愤地离开了超市。

男子离开后一两分钟,又发生了三件事。为了不耽误这支队伍的顾客交款,超市在旁边又专门开了一个收款台;刚才坏了的收款机也修好了;为了表示道歉,主管给玛格丽特及这个队伍中的其他顾客每人 5 英镑的优惠券。

玛格丽特挺高兴的,买东西还得到了优惠。但是,那个愤怒的男子却既没有买到自己想要的东西,又没得到优惠券,还跟人生气发火。

在这个故事中,谁运用了情商?显然是玛格丽特,她虽然也有些生气,但她没有发火,只是耐心地等待,她站在别人的角度分析了情况,而她前面那个愤怒的男子完全没有控制自己的情绪,情商从某种程度上来说有些不足。

情商不是天生注定的,它由下列 5 种可以学习的能力组成:

1. 了解自己情绪的能力

这种能力包括能立刻察觉自己的感觉、情绪、情感、动机、性格、欲望，以及基本的价值取向等，行动上以此为依据。能够了解情绪产生的原因，能够适时地认识到自己的负面情绪。了解自己的真实感受的人才不至于沦为感觉的奴隶；掌握自己的感觉，个人才能成为生活的主宰，对人生大事作出妥善的选择。

2. 控制自己情绪的能力

这种能力是能够认识和协调自己的快乐、愤怒、恐惧、爱、惊讶、厌恶、悲伤、焦虑等情感。能够安抚自己，摆脱强烈的焦虑、忧郁以及能够控制产生刺激情绪的根源。懂得进行自我调节，把负面情绪抛到九霄云外。这方面能力较匮乏的人往往会陷入低落的情绪之中。

3. 激励自己的能力

这种能力是能够整顿情绪，让自己朝着一定的目标努力，增强注意力与创造力。自我激励能够使人走出生命中的低潮，重新出发。人生难免会碰到一些挫折和困难，面对这种情况，积极的人往往会自我激励，迎难而上，从失败中吸取经验，提高自己；而消极的人，常常会往坏处想，越想越坏、越做越糟。

4. 了解别人情绪的能力

这种能力体现在能够理解别人的感觉，察觉别人的真正需要，具有同理心，即能善于感觉别人的感受。认知他人的情绪是与他人正常交往，实现顺利沟通的基础。一般，有同理心的人能从微小的信息上感觉他人的需求，了解他人的情绪、性情、动机和欲望等，并作出适度的反应。要学会察言观色，善于从对方的语言、语调、语气、表情、手势和姿势等来判断他人真实的情绪和情感。善于识别他人的情绪，想人之所想，急人之所急。

5. 维系融洽人际关系的能力

人际关系属于一门管理他人情绪的艺术，一个人的人际和谐程度、领导能力通常与这个人能否细微地关注、恰当地对待他人的情绪有关。要能够理解并容忍别人的情绪。人际交往能力是情商的核心部分，高情商的人都是人际交往能力强的人，而沟通和交往的要点是善解人意。

以上几种能力中，情绪控制、自我激励是中心问题，它们和其他几种能力相互补充、相互贯通、相互制约。

情绪是一个警示信号

情绪有好有坏，坏的情绪很明显，好的情绪却往往容易被人忽略。然而，无论情绪是好是坏，我们都应该认识到，虽然情绪作为一种本能的反应，但是我们都应当意识到情绪对自身的警醒作用和管理情绪的重要性。

1. 情绪提醒我们自身观念的问题

人和人之间情绪的不同，主要源于彼此观念的不同。如果我们的观念出现了问题，那么情绪也会随之出现问题。例如有些人存在浓重的个人私利观念，一旦别人侵犯到他们的利益，他们就会立刻产生愤怒情绪；还有一些人对自我认识不足，他们容易产生自满情绪或自卑情绪。

所以想要拥有良好而且适度的情绪，我们必须调整自己的观念，使它达到一个正常的标准。

2. 情绪提醒我们心理的问题

一些不良情绪向我们反映了自身心理可能出现了偏差，甚至出现了心理问题。例如郁闷情绪就容易和抑郁挂上钩，如果只是短时间的郁闷,那只是一个正常的情绪反应;但如果一个人长期处于郁闷情绪中难以自拔,或许就是抑郁心理在作祟了。

我们需要区分哪些情绪是短暂的、符合正常值的,哪些情绪是长期的、超出正常值的。这样我们才能及早排除自己心理存在的问题,让情绪及早回归理性。

3. 情绪提醒我们行为习惯的问题

情绪作为一种反应,还向我们昭示了一些自身行为习惯的问题。

当你饿的时候,摆在你面前的是满桌的美味佳肴,在饥饿感的驱使下很多人会迫不及待地想动筷子,这是饥饿情绪的本能反应,然而,肚子饿只是一个讯号,你应当在动筷子之前,考虑一下是否需要等待别人来了之后一起就餐,否则很不礼貌。这就是所说的情绪警示,它使人在处事时三思而后行,有助于个人在为人处世中得体合理。

倘若吃饭的时候一味地从自己的本能情绪出发,自己的情绪虽然受到了照顾,却容易引起其他人的反感,任由情绪的发展,不是一件好事。我们需要将情绪自然地反映出来,但也不能忽视情绪产生的不良后果,应当具体问题具体分析,通过对情绪生成的解析来具体行事,这正如过马路的黄灯区,行人都会停下来考虑自己下一步该干什么,情绪的表现也需要一个思考的过程,不能任由情绪自由发展。现在很多人没有将情绪作为警示灯来认真分析对待,喜怒哀乐直接显示在脸上,这样不利于人与人之间的相处。

4. 情绪提醒我们身体的问题

我们都知道,身患疾病的人在情绪方面表现得很强烈,他们经常情绪不稳定,起伏性大。易烦躁激动,爱发脾气。情绪激动时,表现出极大的焦躁不安,有时难以控制自己。对外界因素反应更加敏感，对身体的细微变化和各种刺激往往表现出过度的情绪反应。一点儿微小的事情，也会成为引起强烈情绪产生的导火索。别人的一句不合意的话，也会使其感到受了极大的委屈。甚至别人说话声音太大或者收音机音量太响，也会令其烦恼。

从这一点就可以看出，某些情绪的集中爆发可能就是我们身体出现问题的警讯，不能不加以重视。找不到情绪源的负面情绪可能就是由身体疾病引发的，例如莫名其妙地烦躁不安、毫无理由地生气和低落消沉的情绪可能都是某种疾病潜伏在你身体里的征兆，我们要多加注意。

当代社会高速发展，人们的压力也越来越大，对情绪的管理便显得非常重要，在稳定的情绪下，一切都很容易顺利展开，但情绪不好的时候，行事则十分困难。因此，我们要管理好自己的情绪，适当地调整自己的情绪，然后才能一心一意去做事，所做的事情才能更见成效。

情绪的"蝴蝶效应"

气象学中有一种"蝴蝶效应"的说法：如果身处南美洲亚马孙河流域热带雨林中的一只蝴蝶偶尔扇动几下翅膀，两个星期之后，美国的德克萨斯州可能会发生一场龙卷风。一只小小的蝴蝶扇动翅膀引起一场大的龙卷风，这听起来有些不可思议，但事实确实如此。因为蝴蝶扇动翅膀的过程中，可以引起微弱气流的产生，由此导致旁边的空气和其他系统发生变化，从而引起连锁反应，最终导致其他系统随之变化。

同样，在生活中也存在"蝴蝶效应"，其中最明显的一种表现是情绪，情绪的起因往往就是一句话、一个无意动作的影响，或许说话人自己都没有注意，但为日后事情的发生埋下了伏笔。如果我们不注意处理微小的不良情绪，就有可能由于情绪的积累酿成大祸。

生活中的小事情往往是情绪产生的最根本原因，小事情可以置人于死地，也可以挽救生命，关键就看这小事情所引起的情绪是正面的还是负面的，而我们又是否能够妥善地处理好产生的情绪。

很多朋友都不明白东子是怎样把临街那家水果店开得如此红火，以前在那个位置开店的总是不超过一个月就关门了，而东子的店自从开张以来生意就没有断过，而且还越来越好。一次朋友们去参观东子的店才明白这其中的奥妙：有大爷大妈来店里买东西的时候，东子总是亲切地叫出王大妈或李大爷，从没有叫错过，而且还会关心地问一句身体状况，遇到年轻人还会和他们聊聊天。在朋友眼里，所有客人都成了东子的朋友。

在东子的水果店里，人们得到的都是一些轻松愉悦的心情和积极正面的情绪。即使在客人进店之前还有些许负面情绪，也能在东子那里得到发泄和沟通。有时候一句关怀的话、一个善意的行动也能温暖人心，可以产生促进好的情绪的"蝴蝶效应"。

我们需要关注情绪最初产生的细微原因，并对此保持高度的"敏感性"，尤其要注意情绪的变化，通过及时调整心态来保持自身良好的情绪状态。只有从最初的根源对情绪及时把握好，才能避免负面情绪的积累，才能促进积极情绪的有效形成。

第二章　是什么在影响你的情绪

性格对情绪的影响

不同的外界刺激会使不同的个体产生不同的情绪。由于情绪是个体和外界刺激共同作用的结果，因此，个体心理特征对情绪的产生具有重大的影响。所谓个体心理特征就是我们常说的性格。

性格是情绪的宏观表现，情绪是性格的微观组成，性格与情绪之间有着千丝万缕的联系，如果要认识并有效管理自己的情绪，就必须首先了解并熟悉自己的性格。

性格主要表现在对自己、对他人、对事物的态度所采取的言行上，是个体独特的、一贯的行为心理倾向。如，大多数人都具有趋利避害的倾向，总是愿意去接近那些能给自己带来快乐的事物，同时回避那些可能会给自己带来痛苦的事物。人类的性格在很多方面具有共性，这些共性甚至被提炼成不同的品质一代代地继承和发扬。举例来说，从人们对社会、对集体、对自己的态度中所展现出的诸如公正和徇私、热情和冷漠、慷慨和吝啬、勇敢和懦弱等，都属于性格特征。由于性格特征种类繁多且彼此并不相同，这使每个人身上都表现出自己独特的风格和个性差异。以下介绍两种典型的性格：

安静型的性格，又称内向型性格。这种性格的人心理敏感，感情细腻丰富，善于分析，但易得出消极的结论，所以看待事物较为悲观。安静型性格的人在情绪发生变化的时候，通常有两种反应：一是在情绪中挣扎，时而战胜情绪，时而被情绪所战胜，乐观和悲观交替，直至有新的刺激介入并打断这种混乱状况；二是沉溺在情绪中，任由情绪掌控自己登上兴奋的顶点或是落至沮丧的低谷，不加以任何控制。

冲动型的性格，又称外向型性格。这种性格的人比较乐观，而且热情，总是精力充沛，可以同一时间做好几件事，而且热衷于此，享受忙碌的感觉。性格冲动的人善于取悦他人，也容易获得他人的好感，融入新的氛围。但通常组织能力较差，耐受性不高。冲动型性格的人自始至终对社交活动保持高度的热情，适合有弹性的工作，特别是交际类型的工作。但是，对于必须遵守预设好的时间行程，或有时间限制的事情，他们很容易感觉沮丧。因此，这种性格的人不太适合稳定、枯燥的工作。

性格的形成是一个很复杂的过程，是内外因共同作用的结果，既有先天因素，也有后天因素。先天因素主要是基因方面，后天因素则主要是自身长期受外界环境影响而积累的情绪体验。如人的成长过程中或多或少会受到他人的影响，有直接的言传身教，也有间接的学习、模仿，或是通过书籍、电视、网络等媒介认识和观察到其他人对事物的态度和行为方式，然后自己会对这些事物产生相关的情绪反应，并由情绪引导做出行动，情绪加行动的组合就成为了我们后天的性格。

人与人的性格千差万别，有的人偏激刚烈，有的人中庸温和。刚烈可以说是天生的性格，严格地说，这不能算是缺点，但刚烈的性格不容易控制自身的情绪，会给生活带来麻烦。可以通过后天的努力，有意地使自己的性格朝着有利于控制自身情绪的方向发展。

我们为何会产生忧虑

忧虑是一种很复杂的情绪，是痛苦、愤怒、焦虑、悲哀、羞愧、冷漠等情绪复合的结果。它是一种广泛的负面情绪，又是一种特殊的正常情绪；忧虑超过了正常界限就会变为抑郁症，成为病态心理。由于每个人的心理素质不同，因此，忧虑有时间长短、程度强弱之分。

忧虑的核心表现就是郁郁寡欢，这样的人常常会莫名其妙地焦虑不安、苦闷伤感。如果再遇上环境刺激，就犹如"火上浇油"，进一步激发并加重忧愁和烦恼。大家所熟悉的《红楼梦》中的林黛玉，就属于这类带有忧虑情绪的人。林黛玉有着能让"落花满地鸟惊飞"的美貌，比传统美女的沉鱼落雁更富有情韵。而这样一个融古往今来之秀美，集仙界凡间之灵慧的标致人物，最后却因郁郁寡欢败给薛宝钗，丢了自己的大好姻缘，含恨魂归离恨天。一般来讲，性格内向、心胸狭窄、任性固执、多愁善感、孤僻离群的人多带有忧虑倾向。

除此之外，忧虑的表现还可以是这样：有的人总觉得"生不逢时"，有一种"怀才不遇"的感觉，于是抱怨生活对自己不公平，觉得一切都不顺心、不满意；有的人将个人的利害关系、荣辱得失看得太重，为了一些微不足道的事整日患得患失、忧心忡忡，以致造成心理疲劳，影响正常的工作、学习和生活；有的人甚至"庸人自扰"，整日忐忑不安，自寻烦恼。

有一位经营服装批发的商人，由于经营不慎，赔了几笔生意，为此他整天心情郁闷，每天晚上都睡不好觉。妻子见他愁眉不展的样子十分担心，就建议他去找心理医生看看，于是他前往医院去看心理医生。医生见他双眼布满血丝，便问他："怎么了，是不是受失眠所困扰？"商人说："可不是嘛！"心理医生开导他说："这没有什么大不了的，你回去后如果睡不着就数数绵羊吧！"商人道谢后离去了。

过了一个星期，他又来找心理医生。他双眼又红又肿，精神更加不好了，心理医生非常吃惊地说："你是照我的话去做的吗？"商人委屈地回答说："当然是呀！还数到三万多头呢！"

心理医生又问："数了这么多，难道还没有一点睡意？"商人答："本来是困极了，但一想到三万多头绵羊有多少毛呀，不剪岂不可惜？"心理医生于是说："那剪完不就可以睡了？"商人叹了口气说："但头疼的问题来了，这三万头羊毛所制成的毛衣，现在要去哪儿找买主呀？一想到这儿，我更睡不着了！"

无论做人还是做事，我们都要想得长远一些。但有些事想得太远，就会造成太多的压力，烦恼也会随之而来，就像案例中的失眠忧虑的那个人一样。因此，我们要学会静心，不牵挂那些不该牵挂的事情，这样才能保持轻松快乐的心情。

科学家对人的忧虑进行了科学的量化、统计、分析，结果证明忧虑是毫无必要的。统计发现，40%的忧虑是关于未来的事情，30%的忧虑是关于过去的事情，22%的忧虑来自微不足道的事，4%的忧虑来自我们改变不了的事实，剩下4%的忧虑来自那些我们正在做着的事情。

忧虑通常会使人心神不宁，进而精神失控。忧虑会使一个人老得更快，不仅会摧毁他的容貌，甚至会对其健康产生严重威胁。过度忧虑不可取，凡事退一步想，不要耿耿于怀。

当你忧心忡忡的时候，当你唉声叹气的时候，不妨把你的忧虑写下来，然后在科学家的分析中为自己的忧虑归类：它是属于40%的未来，30%的过去，22%的小事情，4%的无法改变的事实，还是剩下的那一个4%？

想要摆脱忧虑情绪，就要适时地安慰和劝导自己。无论是逃避问题还是对问题过分执着，实际上只可能有两种情况。一种是问题并不像我们所想的那么糟，没有到无可挽回的地步。只要采取积极正确的态度，问题就会得到解决。这样，我们也就没有什么可忧虑的了。另一种情况是问题的确超出了我们的能力所能解决的范围，这时我们就需要乐观一些，学会承受无可避免的事实，尽可能地让自己的情绪不致于失控。

是什么原因造成了悲观情绪

一个人为什么会有悲观的情绪？其产生原因是多方面的，但主要是来自自我。正如英国作家萨克雷所说："生活就是一面镜子，你笑，它也笑；你哭，它也哭。"有悲观情绪的人总喜欢想到事情最坏的一面，仿佛天马上就要塌下来了一样。这种人看不到美丽的云彩，只会一味地担心天是否要下雨；看不到拳击手被击倒后爬起来的顽强，而只为他的伤痕累累而心悸。对于悲观者而言，一个很小的打击也足以使他绝望，令他一败涂地。

玲玲是一个年轻的女孩，但她并不像同龄人那样开朗，悲观情绪总是萦绕着她。她时常觉得生活没有目标，最近这种情绪越来越强烈，好像做什么都没心情，很孤独，周围的环境又让她觉得很无趣。她也想改变，但又觉得自己能力不够，越来越自卑，不爱说话，于是也就显得有些孤僻。她也是个爱思考的人，曾用很长一段时间来思考活着的意义，但她发现自己找不到答案，她觉得很迷惘，眼看就要大学毕业了，她不知道以后的路该怎么走。

在心理咨询室里，她对心理医生说："我很不幸，可以说是在同学和邻居的指指点点下长大的。我从小心里就充满了自卑，很封闭、很悲观，导致了我从来交不到朋友，别人看我外表冷漠也不敢和我交流。现在长大了，外表使我有不少追求者，也不那么自卑了，我也爱上了一个男孩，现在是我的男朋友，可是我总是很悲观，认为我们早晚会分开。他开始还能忍受，可现在经常因为这个和我吵架，我也知道自己不对，可就是不能改变。"

玲玲的烦恼正是一种常见的心理障碍——悲观。悲观是一种有害的心理状态，是瘟疫，是一种毁灭。人类的一切疾病都有医治的可能，但倘若一个人的内心不再有任何希望，充满着抑郁的影子，那么再高明的医生也回天乏术。

美国著名心理学家赛利格曼认为，悲观的人对失败的看法与乐观的人有所不同，悲观者在看待失败上有三个特点：

第一，从时间长度上，悲观的人把失败解释成永久性的；而乐观的人则认为一次失败是暂时的，下次就会好了。

第二，从空间维度上，悲观的人把失败解释成普遍的，如果某个阶段目标失败了，就会认为自己会在所有目标中都失败；而乐观的人则不会将失败普遍化，认为某个目标没实现只是说明自己在这个方面需要进一步努力，下次就会成功。

第三，从失败原因上，悲观的人倾向于将失败解释为个人原因，认为自己要对失败完全负责；而乐观的人则认为失败虽然有个人原因，但也不完全是，有时一些无法抗拒的力量和机遇也影响着成败。

赛利格曼的理论向我们提示，只要改变对失败的看法，就会使悲观者有信心去重新面对现实，树立学习、生活的目标。

悲观是一种严重的负面情绪，对人身心的危害极大。要摆脱悲观情绪，需要个人积极地进行心理调适，具体有以下几种方法：

1. 别盯住消极面

你可能对别人的"抢白"和不公正的待遇牢记于心，或你总是对自己说："我真倒霉，总被人家误会、欺负。"那么，你当然没有一刻的轻松愉快。

如果你把注意力盯在与别人友善和好的事物上，并常常告诉自己，误解、敌视毕竟是次要的，并把愉快、向上的事串联起来，由一件想到另一件，你就可以逐步排遣自怨自艾或怨天尤人的情绪。

2. 寻找积极因素

即使处境危险，也要寻找积极因素，这样，你就不会放弃取得微小胜利的努力。你越乐观，克服困难的勇气就越大。

3. 做自己的"造命人"

偶有不如意时，切勿对自己说："我时时都是倒霉的。"而对自己说："似乎很多时候我做事都不大如意，到底原因何在？"当你立志改变灰色的人生观，树立光明的人生观时，你便不会再由"命运"操纵了，因为你自己已成了一个"造命人"。

4. 要有幽默感

以幽默的态度来接受现实中的失败。有幽默感的人，才能排除随之而来的倒霉念头，轻松地克服厄运。

不论因何事产生的悲观情绪都能通过上述方法渐渐消除，只要我们对自己抱有坚定的信心。有的时候，打倒我们的不是苛刻的外部环境，而是我们的内心，当内心充满阳光时，悲观情绪就不会来打扰我们。

焦虑随时随处可以产生

在如今这个快节奏的社会里，升学就业、职位升降、事业发展、恋爱婚姻、名誉地位，种种事情使人们承受着巨大的心理压力，由此产生焦虑情绪，心神不宁，焦躁不安，严重影响人们的工作和生活。发生焦虑的原因有时候甚至令人匪夷所思、出人意料。

1. 守规焦虑

遵纪守法、照章办事，理所当然，又有什么好焦虑的呢？但是在某些"老实人吃亏"的场合，守规焦虑就在所难免。

我们不妨先看两个例子：一是"人行道焦虑"——过马路走人行道，应该是无忧无虑的吧？但当很多人都不走人行道，一窝蜂跨栏杆而过时，你甘心多绕些路去走人行道吗？当奔驰的车辆对人行道上的行人并不礼让，朝你直冲过来时，你敢走人行道吗？二是"排队焦虑"——当你老老实实地排着长队，等着购物、购票、分房子、评职称时，有人却在前面夹塞、在后门另排小队，也许你等上大半天甚至大半辈子都在候补之列，等轮到你的时候什么都没有了，你心里面紧张不紧张？

2. 付账焦虑

当几个熟人一起坐车、聚餐时，大家抢着购票、付账是司空见惯的事。但是，这种争先恐后只是表面现象而已，有些场合是出于真情实意，心甘情愿地要为他人付账；有些场合则多少有点儿虚情假意，只是不得不做做样子。虽说现在 AA 制已经在青年中流行开来，但一般人还是不习惯这种"分得太清"的方式。觉得既然是"熟人"，就不能太"生分"，为了表示热情主动、不分彼此，就该抢先付账，否则显得不够交情，甚至有爱占别人便宜之嫌。但如果"抢付"成功，内心又不免有点儿担忧：这份人情，别人会及时还吗？因此，抢付时不免"进亦忧，退亦忧"，心里面紧张一番。

3. 催账焦虑

如果请你想象一下催账人、讨债人的形象，在你的脑海中绝不会浮现出一个和蔼可亲的面目，而极有可能联想到《白毛女》一类的电影中地主逼租的镜头。其实，向人讨账并非"黄世仁""南霸天"的专利，你自己在日常生活中恐怕也难免遇到需要向人催账的情况，但是"催账焦虑"也许最终使你没能开口。

4. 点钱焦虑

有些人一碰到钱，就显得马虎大意，从别人手中接钱时（如领工资、取买东西找回的余款），尤其是从熟人、好友手中接钱时往往看都不看，一把塞在口袋里。待回家查点对不上数，便只好自认倒霉或者闹出不小的矛盾。其实，在这种"马虎"的背后，有一种"点钱焦虑"在作怪：不点心里不放心，点又显得太多心。当面一五一十地核点，似乎太不信任对方，两人都不免有点儿难堪，朋友之间说不定还会因此影响交情；不当面点清，一旦有差错，事后再查就说不清、道不明了。点和不点都不好，自然免不了一番焦虑。

5. 诚信焦虑

中国民间流传的告诫人们如何为人处世的人生格言非常多，但其中又有不少相互矛盾的说法。例如，一方面提倡"以诚待人""以心换心"，另一方面又鼓吹"防人之心不可无""逢人只说三分话，未可全抛一片心"。如果人们同时接受了这两种截然相反的格言，在实际生活中就难免产生"诚信焦虑"——不信任别人，不以诚相待，就会感到一种道德压力。反之，又担心被人利用。

　　形形色色的焦虑充斥人们的生活，不胜枚举。它们像病菌一样侵蚀人们的灵魂和肌体，妨碍人们的正常生活，影响人们的身心健康。所以，走向美好的生活，应该从拒绝焦虑开始。

自卑情绪生成的因素

　　自卑，顾名思义，就是自己瞧不起自己，它是一种消极的情绪。自卑属于性格的一种缺陷，表现为对自己的能力和品质评价过低。自卑的原因包罗万象，比如家庭出身、社会地位、财富、名誉、相貌等。

　　自卑是一种可怕的消极情绪。其实，自卑心理人人都有，只是程度不同罢了。经常遭受失败和挫折，是产生自卑心理的根本原因。一个人经常遭到失败和挫折，其自信心就会日益减弱，自卑感就会日益严重。自卑的产生会抹杀掉一个人的自信心，本来有足够的能力去完成学业或工作任务，却因怀疑自己而失败。由于自卑的情绪影响到了生活和工作，给人的心理、生活带来的很大的不良影响。

　　十几年前，他从一个北方小城考进了北京的大学。上学的第一天，与他邻桌的女同学第一句话就问他："你从哪里来？"而这个问题正是他最忌讳的，因为在他的逻辑里，出生于小城，就意味着小家子气，没见过世面，肯定被那些来自大城市的同学瞧不起。就因为这个女同学的问话，使他一个学期都不敢和同班的女同学说话，以致一个学期结束的时候，很多同班的女同学都不认识他！

　　很长一段时间，自卑的阴影都占据着他的心灵。最明显的体现就是每次照相，他都要戴上一个大墨镜，以掩饰自己的内心。

　　20年前，她也在北京的一所大学里上学。大部分日子，她也都在疑心、自卑中度过。她疑心同学们会在暗地里嘲笑她，嫌她肥胖的样子太难看。她不敢穿裙子，不敢上体育课。大学时期结束的时候，她差点儿毕不了业，不是因为功课太差，而是因为她不敢参加体育长跑测试！老师说：只要你跑了，不管多慢，都算你及格——可她就是不跑。她想跟老师解释，她不是在抗拒，而是因为恐慌，恐惧自己肥胖的身体跑起步来一定非常的愚笨，一定会遭到同学们的嘲笑。可是，她连向老师解释的勇气也没有，茫然不知所措，只能傻乎乎地跟着老师走。老师回家做饭去了，她也跟着。最后老师烦了，勉强算她及格。

　　在最近播出的一个电视晚会上，她对他说："要是那时候我们是同学，可能是永远不会说话的两个人。你会认为，人家是北京城里的姑娘，怎么会瞧得起我呢？而我则会想，人家长得那么帅，怎么会瞧得上我呢？"他，现在是中央电视台著名节目主持人，经常对着全国几亿电视观众侃侃而谈，他主持节目给人印象最深的特点就是从容自信——他的名字叫白岩松。她，现在也是中央电视台著名节目主持人，而且是第一个完全依靠才气而走上中央电视台主持人岗位的——她的名字叫张越。

　　自卑的情绪谁都会有，并不可怕，可怕的是被自卑所操纵，迷失了自我。一个人如果太看重别人的评价，因为自己的一点儿缺陷就自卑，势必会影响他的正常生活。严重自卑的人，并不一定是其本身具有某些缺陷或短处，而是不能接纳自己，自惭形秽，妄自菲薄，常把自己放在一个低人一等，别人看不起自己的位置上，并由此陷入不能自拔的痛苦境地，心灵笼罩着永不消散的愁云。其实，每个人身上都有闪光点，不管这个闪光点是多么微不足道，但它毕竟是个优点，是别人没有的优点。

有一次，一名士兵奉命将一封信送往自己景仰的统帅——拿破仑的手中，由于过于兴奋，拼命地策马前行，胯下的坐骑一到目的地就累死了。拿破仑读了信后，立即复信，命人牵过自己的战马，吩咐那名士兵骑马回营。"不，尊敬的将军，"那名士兵看到统帅那匹心爱的骏马，恳切地说，"我只是一个普通的士兵，没有资格骑这匹高贵的马。"拿破仑不假思索地答道："世上没有一样东西是法兰西战士不配享有的！"士兵一下子想明白了，立即上马，绝尘而去。

正如那个士兵一样，很多人都把自己想得太卑微，这使得他们往往无法实现自己的目标。在优秀人士身上，我们看不到自卑的影子。每个人都有自己独特的价值，有什么理由自卑呢？

那么怎么样才是自卑呢？自卑主要表现在 3 个方面：

1. 胆怯封闭

一些人由于深感自己不如别人，在与人交往或者从事某项事业中必败无疑，于是把自己封闭起来。但是他们越是封闭自己，越是对自己没有自信，从而造成不良循环。

2. 自尊过强

即人们常说的过分的自卑以过分的自尊表现出来，尤其当屈从的方式不能减轻其自卑之苦时，就采用好斗的方式。有自卑感的人，他们比任何人更在意被别人发现其内心的真实想法，因此当他认为别人可能会发现时，便采用这种好斗的方式阻止别人的了解。

3. 跟随大溜

丧失信心之人，常对自己的决定缺乏自信，便随大溜以求与他人保持一致。自卑者在做某件事之前就想：别人是不是有这样的看法？我这样做会让人笑话吗？会不会被认为是出风头？在做了事之后,又想:不知会不会得罪人?如果刚才不那样做就会更好,等等。

总之,自卑情绪能给人们带来精神上的折磨,一个自卑感非常强烈的人,他的生活也会非常痛苦。想要走出自卑,就要树立自信,这样我们才会得到真正的快乐,那么是选择自卑的痛苦,还是生活的快乐,结果不言而喻。

为何负罪感久久不能散去

负罪感的产生主要是源于自我的严格要求,对自己创造的全部价值进行否定,并由此产生强烈的愧疚感。具有负罪感的人通常这样评价自己:"我当时绝对不应该那样做,现在这样全都怪我。"或者"我当初绝对应该那样做,但我却没有那样做,我应该承担所有责任,我应该被处罚。"

小刚和丽丽是一对恋人,他们大学毕业后在一个城市工作,准备第二年结婚。有一天小刚因为工作上与领导发生摩擦,心里很不舒服,于是在酒吧喝得酩酊大醉,温柔的丽丽送他回宿舍后又上街去买醒酒药,结果被一辆飞驰而过的汽车撞倒,23岁的女孩就此香消玉殒。

小刚在医院号啕大哭,泪流满面,最后不得不接受了这个残酷的现实——他的未婚妻真的已经不在了。

在所有人都认为这场悲剧的阴影已经在慢慢消散的时候,小刚的不良情绪却渐渐严重起来,他食欲不振、严重失眠、浑身乏力、不愿和别人来往,整天沉默寡言,对曾经非常喜爱的篮球也失去了兴趣。每当看到他和丽丽曾经合影的照片,路过曾经经常约会的地方或是听到丽丽喜欢的歌曲时,他都会感到强烈的悲哀和痛苦。小刚失去恋人的痛苦已经发展成情绪过度低落和精神失常。

在朋友的劝说下，小刚咨询了心理专家，原来他一直生活在悔恨中无法自拔。那天本来俩人约好去选婚戒的，谁知下午开会时因为跟领导意见不合发生了小摩擦，所以把买婚戒的事给忘了，然后就去了酒吧，待他酒醒之后，悲剧已经发生。他很爱自己的未婚妻，因此无比自责，"如果我不去酒吧，我不喝醉，她就不会为我买药，也就不会发生车祸了。"

小刚如此伤心难过，沉浸在深深的自责中不能自拔。他无法摆脱对未婚妻死亡的负罪感。过分自我谴责的人，习惯把一切过错归于自己，即使一点儿小事，也是反复检讨，更不要说造成严重后果的事件，例子中的小刚就是这样，他不仅认定自己做过错事和犯过错误，而且也认定自己是个有罪的人。那些错误很可能已经抹杀了他个人的优秀品质，于是他一直懊悔不已。

这种因愧疚而自我怨恨的情绪，一般会产生两种情况：因愧疚产生痛苦，故而逃避；或是因自责获得了他人的谅解和同情，于是自责成为自己犯错的救世法宝。这两种情况下，当事人自身的愧疚和自我怨恨其实收到了相反的效果。如果一个人认定错误应该被"谴责"，那么他不仅会这样要求自己，更重要的是他也会这样要求别人，并会因其他人做了错事而对其耿耿于怀。当自己犯了错，他会认定不只是犯错那么简单，这会成为他道德上的污点，认为这绝对不能被允许。一旦产生这种心理，他会找各种理由为自己开脱，拒绝承认错误，或是从一开始就否认自己做过错事。结果，他连认错和改正的机会都全部抛弃。

这样的自责和罪恶感，非但不会消除错误行为造成的后果，而且可能会带来更多的错误、虚伪和逃避个人责任的行为。

不仅如此，当一个人将全部的注意力都用来谴责和惩罚自己的时候，恰恰将最重要的一点遗忘了，那就是及时补救、总结经验、吸取教训。错误唯一能带给人们的正面意义就是从中总结的经验。为做错事而沮丧和悲伤的时候，不如从失败和过错中找出经验和教训，挽回损失，防微杜渐。

罪恶感会彻底摧毁我们，容易引发诸如焦虑、沮丧、自卑和愤怒等多种情绪，当这些情绪一并向我们袭来时，人一般都难以承受，不仅如此，罪恶感还可能促使人们消极地逃避现实和推卸责任。所以，有些罪恶感应该及时抛开，让我们勇敢地面对生活、面对未来。

我们因什么而困惑

每个人都渴望成功，渴望实现自我价值，但这条路并不是一帆风顺的，即使目标清晰明确，迷茫也会经常造访，此时就如同处在茫茫迷雾中，周围的一切事物，可能都会引起情绪上的波动。如果是正面积极的刺激，可能会对我们的成功有所帮助，但是由于太渴望成功，一点点挫折与打击都会被我们放大，甚至周围人一句略带怀疑的话，都会让我们困惑而沮丧，情绪低迷导致行动停滞。

面对这种情况，我们应该如何应对？心理学家针对性地提出了以下几个问题帮助迷茫的人们寻找到方向。

首先，试着问自己究竟是谁。这是一个深刻的哲学问题，看似简单，实则蕴涵着深厚的含义。"人啊，认识你自己"，这句话出现在希腊著名神庙门柱上，绝不是偶然，因为能够认识自己的人实在太少。

认识自己，深刻地剖析自己的内心，是一个极其痛苦的过程。

每个人都不完美，都有各种各样的缺陷。有的为人所知，但是有的甚至连自己都不知道。很多人并不了解认识自己的重要性，但却隐隐觉得，很多时候言行举止皆身不由己，是被一种无形的力量推动着生活、工作，每天忙忙碌碌，东奔西走，并无暇内省。但是，一旦遭遇价值观的冲突，情绪很容易就达到一个高点，甚至会冲过我们能承受的警戒线以上。在没有任何逃避或缓冲的赤裸裸的狭路相逢时，人们就不得不面对自己的真相，这是一种相当被动的局面，如果我们没有足够的抵抗力，非常容易走上情绪极端。但是，如果我们在各种问题到来之前，就对自己有一个清醒的认识，并对自己的情绪有一个全面的定位，那也就相当于提高了自己的警戒线，也就不存在任何危险情况了。

其次，问问自己在哪里。这个问题是对自己的空间定位，既有生存空间的坐标，也包括生命空间的坐标。生存空间的坐标很简单，即人们所处的空间位置，可以用一连串复杂的地理名称来表示，如某大洲某国家某省某市某门牌号，也可以用经度和纬度来做一个精确的注解。

生命空间是由心理活动构成的，其坐标的范围远远超出生存空间，是一个由人的思维建立起来的无限延展的广阔世界。比如，虽然有的人身处狭小的角落，但思想却飞跃五洲大洋。他们通过书籍、电视、网络认识外面的世界，拓展了思维的广度；他们通过回忆过去和畅想未来，增加了思维的深度。

对人而言，生命空间远比生存空间重要，生命空间是人们给自己的定位，认清自己当下处于何种地位，这至关重要。如果找不到自己的定位，或者根本否定了自己的定位，那么，困惑和迷茫的情绪必然会迎上心头。

再次，询问自己将要去哪里。自己要去哪里，这实际上就是人们的目标，这个问题在心理学上又叫"自我实现"。"自我实现"的标准很复杂，从没有两个人的目标是相同的。这里说的"自我实现"是指每个人在内心给自己设定的，并不一定与外界的荣誉、奖项挂钩。耀眼的荣誉和他人的艳羡不能给情绪营造一种稳定状态，并可能还会扰乱原本的秩序。这或许能解释，为什么有的人在获得世人眼中的"成功"后却会情绪崩溃，甚至选择极端的自杀方式结束生命，也许因为他们原本的稳定的情绪状态被破坏了，再也找不到曾经清晰而又明确的目标，或者可能他们从来没有给自己设定过真正适合自己的目标。

迷茫的时候，不妨问问自己是谁，在哪里，将要去哪里，弄清楚这三个问题后，身边的很多事就不会再让我们的情绪泛起波澜，因为自己本身就是一潭又深又广的湖水，散发着沉静的魅力，迷茫自不会登门造访。

为什么内心无法宁静

很多时候，我们的内心都为外物所遮蔽、掩饰，浮躁的情绪占领了我们的整颗心，因此在人生中留下许多遗憾：在学业上，由于我们还不会倾听内心的声音，所以盲目地选择了他人为我们选定的、他们认为最有潜力和前景的专业；在事业上，我们不去倾听内心的声音，在一哄而起的热潮中，我们去选择那些最为众人看好的热门职业；在爱情上，我们常因外界的影响扭曲了内心的声音，因经济、地位等非爱情因素而错误地选择了爱情对象……我们的情绪过多地接受了外界环境的影响，但是，我们唯一忽视的，便是去听一听自己内心的声音。

快节奏的生活、工作的压力容易使人心态失衡，如果患得患失，不能以平和的心态去面对无穷无尽的诱惑，就会感到心力交瘁或迷惘躁动，产生许多负面的情绪。

一位老师问他的学生："你心目中的美好人生是什么？"学生列出"清单"一张：健康、才能、美丽、爱情、名誉、财富……谁料老师不以为然地说："你忽略了最重要的一项——心灵的宁静，没有它，上述种种都会给你带来极大的痛苦！"

宁静的心灵即是情绪不易受外界影响，拥有一颗宁静心灵的人不追逐权势显赫，不奢望金银成堆，不祈求声名鹊起，不羡慕美宅华第。因为所有的追逐、奢望、祈求和羡慕，都是一厢情愿，只能加重生命的负担，加速心灵的浮躁，而与豁达康乐无缘。

老街上有一位老铁匠。由于早已没人需要打制铁器，现在他改卖铁锅、斧头和拴小狗的链子。

他的经营方式非常古老和传统。人坐在门内，货物摆在门外，不吆喝，不还价，晚上也不收摊。你无论什么时候从这儿经过，都会看到他在竹椅上躺着，手里是一个半导体，身旁是一把紫砂壶。

他的生意也没有不好不坏。每天的收入正好够他喝茶和吃饭。他老了，已不再需要多余的东西，因此他非常满足。

一天，一个文物商从老街经过，偶然看到老铁匠身旁的那把紫砂壶。因为那把壶古朴雅致，紫黑如墨，有清代制壶名家戴振公的风格，他走过去，顺手端起那把壶。

壶嘴内有一记印章，果然是戴振公的。商人惊喜不已。因为戴振公在世界上有捏泥成金的美名，据说他的作品现在仅存3件，一件在美国纽约州立博物馆；一件在中国台湾的台北故宫博物院；还有一件在国外某位华侨手里，是1993年在伦敦拍卖市场上以16万美元的高价买下的。

商人端着那把壶，想以10万元的价格买下它。当他说出这个数字时，老铁匠先是一惊，后又拒绝了，因为这把壶是他爷爷留下的，他们祖孙三代打铁时都喝这把壶里的水。

壶虽没卖，但商人走后，老铁匠有生以来第一次失眠了。这把壶他用了近60年，并且一直以为是把普普通通的壶，现在竟有人要以10万元的价格买下它，他想不明白。

过去，他躺在椅子上喝水，都是闭着眼睛把壶放在小桌上，现在他常常坐起来看那把水壶，这让他非常不舒服。特别让他不能容忍的是，当人们知道他有一把价值连城的茶壶后，蜂拥而至，有的问还有没有其他的宝贝，有的开始向他借钱，更有甚者，晚上敲他的门。他的生活被彻底打乱了，他不知该怎样处置这把壶。

当那位商人带着20万元现金，第二次登门的时候，老铁匠再也坐不住了。他招来左右店铺的人和前后邻居，拿起一把斧头，当众把那把紫砂壶砸了个粉碎。

现在，老铁匠还在卖铁锅、斧头和拴小狗的链子，据说他已经102岁了。

宁静可以沉淀出生活中许多纷杂的浮躁，过滤出浅薄粗俗等人性中的杂质，可以避免许多鲁莽、无聊、荒谬的事情发生。宁静是一种气质、一种修养、一种境界、一种有内涵的悠远。安之若素、沉默从容，往往比气急败坏、声嘶力竭更显涵养和理智。

快节奏的生活，无节制的环境污染和破坏等，都让人难以平静。环境的搅拌机随时都可能把人们心中的平静搅个粉碎，让人遭受浮躁、烦恼之苦。然而，生命的本身是宁静的，只要内心不为外物所惑，不为负面情绪所扰，就能做到像陶渊明那样身在闹市而无车马之喧，正所谓"心远地自偏"。

不受负面情绪困扰，拥有一颗平静之心，追求平静者便能心胸开阔，不被外物诱惑，坦荡自然。

抑郁对情绪的影响

抑郁是比忧虑更深一层次的情绪状态，被人们称为"心灵流感"。作为现代社会的一种普遍情绪，抑郁并没有引起人们足够的重视，然而较长时间的抑郁会让人悲观失望、心智丧失、精力衰竭、行动缓慢。

对于抑郁的人，所有的怜悯都不能穿透他把自己和世人隔开的那面墙壁。在这封闭的墙内，不仅拒绝别人哪怕是极微小的帮助，而且还用各种方式来惩罚自己。在抑郁这座牢狱里，其中的人同时扮演了双重角色：受难的囚犯和残酷的罪人。正是这种特殊的心理屏障——"隔离"，把抑郁感和通常的不愉快感区别开来。

心境低落是抑郁情绪的主要表现。抑郁情绪属于心理学的范畴，却不单纯表现为心理问题，还可能诱发一些躯体上的相关症状，比如口干、便秘、恶心、憋气、出汗、性欲减退等，女性患者可能会出现闭经等症状。

抑郁情绪症的具体症状有以下表现：

（1）常常不由自主地感到空虚，为一些小事感到苦闷、愁眉不展；

（2）觉得生活没有价值和意义，对周围的一切都失去兴趣，整天无精打采；

（3）非常懒散，不修边幅，随遇而安，不思进取；

（4）长时间的失眠，尤其以早醒为特征，醒后难以再次入睡；

（5）经常惴惴不安，莫名其妙地感到心慌；

（6）思维反应变得迟钝，遇事难以决断，行动也变得迟缓；

（7）敏感而多疑，总是怀疑自己有大病，虽然不断进行各种检查，但仍难消除其疑虑；

（8）经常感到头痛，记忆力下降，总是感觉自己什么也记不住，脾气古怪，常常因为他人一句不经意的话而生气，感觉周围的人都在和他作对；

（9）总是感到自卑，对自己所做的错事耿耿于怀，经常内疚自责，对未来没有自信；

（10）食欲不振，或者暴饮暴食，经常出现恶心、腹胀、腹泻或胃痛等状况，但是检查时又没有明显的症状；

（11）经常感到疲劳，精力不足，做事力不从心；

（12）变得冷酷无情，不愿意和他人交往，酷爱生活在一个人的空间，甚至自己的父母都难以与其进行交流，害怕他人会伤害自己；

（13）对性生活失去兴趣，甚至会厌恶，觉得很恶心；

（14）常常有自杀的念头，认为自杀是一种解脱。

抑郁者的人生态度通常很消极。正由于抑郁使人丧失了自尊与自信，总是自我责备、自我贬低，无论是环境还是自我，都不能积极对待；对环境压力总是被动地接受而不能积极地控制，更谈不上改造；对自我也总感到难以主宰而随波逐流。于是在人生征程上没有理想与期待，只有失望与沮丧。总感到茫然无助，陷入深重的失落感而难以自拔，对一切都难以适应，只能退缩回避。

作为美国第十六任总统，林肯也经历过抑郁情绪的困扰："现在我成了世上最可怜的人。如果我个人的感受能平均分配到世界上每个家庭中，那么，这个世上将不再会有一张笑脸。我不知道自己能否好起来，我现在这样真是很无奈。对我来说，或者死去，或者好起来，别无他路。"

　　我们周围常常有这类人，当生活环境发生重大变化而呈现出巨大反差时，当人生之旅中出现一些变故、遇到一些挫折时，或者仅仅由于环境不如意，便精神不振、心神不定，百无聊赖而焦躁不安，不思茶饭更无心工作，甚至对生活失去信心，整个人跌入消极颓丧中。抑郁是禁锢人心灵的枷锁，困扰着人们，使人不能在现实的世界中调整自我，只能渐渐退缩到自我的小天地里。

　　为了使我们的生活永远充满阳光，为了使我们有一个健康向上的心理，人们曾费尽心思地寻找克服抑郁的药方。通过研究，克服抑郁的有效办法有：从事可振奋情绪的活动，观看让人振奋的运动比赛，看喜剧电影，阅读让人精神振奋的书。不过值得注意的是：有些活动本身就会让人沮丧，比如，研究发现，长时间看电视通常会使人陷入心情低潮状态。

　　科学家发现，有氧运动是摆脱轻微抑郁或其他负面情绪的最佳方式之一。不过这也要看对象，效果最好的是平常不太运动的人。至于每天运动的人，效果最好的时期大概是他们刚开始养成运动习惯的时期。

　　善待自己或享受生活也是常见的抗抑郁药方，具体的方法包括泡热水澡、吃美食、听音乐等。送礼物给自己是女性常用的方式，大量采购或只是逛逛街也是一种抗抑郁的方式。经研究发现，女性利用吃东西治疗悲伤的比率是男性的 3 倍，男性诉诸酒精的比率则是女性的 5 倍。

　　另一个提升心情的良方是助人。抑郁的人萎靡不振的主要原因是不断想到自己某些不愉快的事，设身处地同情别人的痛苦自可达到转移注意力的目的。经研究发现，担任义工是很好的方法。

然而，这也是最少被采用的方法。

　　抑郁就好像透过一张网看外面的世界，无论是考虑你自己，还是考虑世界或未来，任何事物看来都处于被网线牵绊的状态。我们要摆脱抑郁情绪的困扰，让健康的心态永远伴随着我们，才能不受心灵流感的侵袭。

第三章　情绪的惊人力量

情绪决定生活质量

　　情绪是人类的天性，没有情绪，我们都会成为"植物人"。然而，情绪却是人类历史上最容易被忽视、研究最少的题目之一。在 20 世纪 90 年代以前，你几乎无法在书店里找到一本关于情绪的书。此后，科学家才开始对这个题目感兴趣。1995 年，随着美国人丹尼尔·格尔曼《情感智商》一书的出版，人们开始广泛关注情绪。情绪之所以重要，在于它能够决定我们的生活质量，这一点可以从以下几个方面得到印证。

1. 情绪影响你的幸福感

　　幸福的感觉通常是受情绪影响的，这是因为人的一切行为的改变都必须从自己的感受开始改变。请看：

　　外界刺激→想法→感觉（情绪）→行为→结果（幸福或不幸）

　　上面这个推论是什么意思呢？让我们举例说明一下，假设一个人失恋（外界刺激）后，他认为这是不好的事情，他觉得自己被抛弃了，从此将生活在黑暗之中，再也没有希望了（想法）。他感觉到沮丧（情绪），他把自己关在房间里，趴在床上哭，不和任何人讲话（行为）。久而久之，他变得内向、孤僻，不敢和异性接触（不幸）。不同的情绪状态会产生不同的行为，你自信时的行为会与自卑时的行为不同，在心情平静时的行为会和冲动时的行为不同，在沮丧时的行为会和兴奋时的行为不同，在大多数情况下，不同的行为会导致不同的结果。

我们都曾有过万事如意的时光，有时清晨起来就觉得神清气爽、精神饱满，对一切都充满热情，平日里棘手的工作也觉得得心应手，你微笑地面对周围的人，热情地投入生活，总之，你觉得一切都是那么美好。但是我们也有过完全相反的经历，有时会莫名其妙地感到情绪低落，被巨大的忧虑所包围，你无精打采，面对一大堆待办的事，却怎么也提不起精神，什么也不想做。平时做起来易如反掌的事，此时却感到举步维艰，有时竟然会突然叫不出一位熟悉的朋友的名字，或者突然忘了一个字怎么写，觉得整个生活都是灰色的。有时，自己自信、坚强、果断、快乐、兴奋、有激情；有时，自己却忧虑、沮丧、恐惧、悲伤。

之所以会出现这些差别，原因就在于我们处于不同的情绪状态。所有生活幸福的人，并不是因为他们比较幸运，而是由于他们都能够很好地控制自己的情绪，使情绪时常处于最佳状态。因此，从现在起，你要了解这两种情绪，并学会调整它们。

2. 积极情绪有利于你的健康

现代科学研究证明：情绪可以通过大脑而影响心理活动和全身的生理活动，从而影响我们的健康。积极的情绪能提高大脑皮层的张力，通过神经生理机制，保持人体内外环境的平衡与协调，消极情绪则严重干扰心理活动的稳定，致使我们的体液分泌紊乱，免疫功能也随之下降。

积极情绪是身心活动和谐的象征，是心理健康的重要标志。一项心理学研究发现，对自我前途和未来持冷淡态度是身体健康不良的预兆。有一位外国流行病学专家断言，长期持有这种绝望意识的人，其死亡率高于心脏病、癌症和其他病因造成的平均死亡率。这说明，乐观态度对于健康大有裨益。

积极情绪能使人的大脑处于最佳活动状态，能充分发挥有机体的潜能，提高活动效率，使人精力充沛，食欲旺盛，睡眠安稳，充满生机与活力，从而增强对疾病的抵抗能力。英国著名科学家法拉第，年轻时由于工作紧张，造成神经失调，身体虚弱。后来他不得不去看医生，而医生却没开药，只说了一句话："一个小丑进城，胜过一打医生。"法拉第仔细琢磨，悟出真谛。从此他经常抽空去看戏剧、马戏和滑稽戏，不久健康状况大有好转。

因此，要想保证身体健康，我们必须要学会控制不良情绪。

3. 负面情绪容易导致疾病的发生

负面情绪是引起身心疾病的重要原因。它一旦产生，一方面会引起整个心理活动失去平衡；另一方面则导致生理方面的一系列变化，如脸色苍白、心跳加速等。早在两千多年前，我国古人就有"怒伤肝""思伤脾""忧伤肺""恐伤肾"等说法。古往今来，因情绪过激而致死的故事也不少，英国著名生理学家亨特，天生脾气急躁，他生前常说："我的命迟早要葬送在一个真正惹我动怒的坏蛋手上。"结果，在一次会议上，"坏蛋"出现了，他盛怒之下，心脏病猝发，当场身亡。

人在负面情绪的笼罩下，意识会变得狭窄，判断力、理解力会降低，甚至会失去理智和自制力，造成正常行为瓦解，人际关系失调，目标混乱，免疫力下降，从而导致疾病的发生。

美国的自我管理专家杰克迪希·帕瑞克总结出了一些负面情绪可能引发的疾病，请看下表：

负面情绪	可能引发的疾病
愤怒、怨恨	皮疹、脓肿、过敏、心脏病、关节炎
困惑、沮丧、气恼	感冒、肺炎、呼吸道不畅、眼鼻喉不适、哮喘
焦虑、烦躁	高血压、偏头痛、溃疡、听力障碍、近视、心脏病
愤世嫉俗、悲观、厌恶、恐惧、愧疚	低血压、贫血、肾病、癌症

情绪影响着一个人的幸福感，也影响着一个人的健康。遇到不顺心的事，可以用积极的情绪自救，积极乐观地看待事情。一个会控制自己情绪的人即使面对困境，也依然会获得幸福，摆脱各种疾病的困扰，从而保证身心健康。

情绪对认知和行为的影响

人们经常爱拿这样一个实验展现情绪的力量：水平差不多的两班同学在即将参加一个大型竞赛时，老师对其中一个班的同学大加赞赏，认为其一定能在竞赛中取得好成绩，这个班的同学在得到鼓励和认可之后就非常高兴；而老师则对另一班的同学表现出比较担忧的样子，老师的否定让班里的同学垂头丧气。最后的竞赛结果也可想而知：得到鼓励和赞赏的班级取得了非常好的成绩，而被否定的班级成绩则是一塌糊涂。

情绪具有一种神奇的力量，这种力量可以影响甚至左右一个人的认知行为。比如在你情绪好、心情愉快的时候，你的办事效率就会高，做事情就比较顺利；但是在你情绪低沉、心情抑郁的时候，你会觉得思路阻塞，任何事情都开展迟缓。

情绪就像是我们精神的感知棒，它时时影响甚至左右人的认知行为。我们每做一件事、每说一句话，都受到一定的心理状态和心理活动的影响和制约，尽管有时候我们觉察不到。具体来说，情绪在以下3个方面影响并左右着人的认知行为：

1. 心理动机方面

情绪与心理动机存在各种联系。有研究表明，良好的情绪能增强人的心理动机，因为此时的个人，不仅行为效率提高，而且相信自己可以把事情圆满完成，这种状态能激励人的行为。反之，情绪受到压抑，行为效率受到阻碍，心理动机也因此减弱。因而，为了促进良好心理动机的实现，保持较佳的情绪也显得非常重要。

2. 智力活动方面

情绪直接影响着个人的记忆和思维活动。心理学家丹尼尔·戈尔曼指出，情绪影响智力水平和思维活动的发挥，这是每个老师都知道的。学生在焦虑、愤怒、沮丧的情况下，根本无法学习。事实上，任何人在这种情况下都难以有效地从事正常的工作和学习。

3. 人际交流方面

情绪是人际交流的重要手段。人们通过自己的面部表情、身体动作以及语言声调等表达自己的看法或者观点，如高兴时笑，痛苦时哭，发怒时横眉立目、握紧拳头等等。在所有情绪表达中，微笑是最有利于人际交流的一种情绪表达，它能拉近沟通者之间的距离，增加亲和力，促进沟通的顺利开展。

情绪对人们的心理动机、智力活动以及人际交流产生这么重要的影响，那么面对情绪变化，我们应该培养自我的心理调节能力，这种心理调节能力是一种理性的自我完善，在实际行为上主要体现为强烈的意志力和忍耐力。它使人以平和的心态来面对人生的起起落落，保持与他人交往时的淡定从容，也能促使自己的身心配合默契，做什么事情都得心应手。

当然，生活中的每个人都具有不同的能力，或富有自信、勇气、冷静、理性，或富有决心、创造力、幽默感等，实际上，这些能力都是个人内心的一种感觉。当人们没有这些良好感觉的时候，即使具备知识、技能等资源，也不能很好地运用它们，或者根本不去运用它们。

因此，在面对情绪影响甚至左右个人认知行为时，学会控制和左右自己的情绪是个人成功的要诀。那些情绪健康的人，往往神采飞扬、激情澎湃，他们肯冒险、爱创新，善于把握生命中出现的每个机遇，从而让人生处于一种最佳的竞技状态。反之，情绪低迷的人，竞技状态比较差，也更容易遭到失败。

世上有许多事情的确是难以预料的，情绪的波动在所难免。但是，不管我们面对怎样的境遇，都要调节好自己的情绪，既不要自暴自弃，也不可盛气凌人，以宽容豁达之心来面对这个世界，不要让情绪成为成功路上的绊脚石。

好心情对健康的积极效用

让自己保持愉快的心情是保持人体内分泌平衡的最佳方法。健康的情绪，比如平和镇定、乐天知命、勇敢坚定以及愉悦，都会刺激脑下垂体分泌激素以达到最佳激素平衡。这种平衡所产生的效力可能比世界上的任何药物都更加理想。

在1934年抗菌剂发明以前，曾经有位男人出现了肾脏感染。当时这还是一种很严重的病症。他脾气暴躁，时常有不满情绪。他的病情越来越严重，而那些不良情绪刺激了他体内肾上腺皮质激素的分泌。

不久，这位患者遇到了一位巫医。这位巫医让他的情绪变得愉悦起来，让他对生活充满了热情、希望和信心。后来，内分泌平衡在这个男人体内形成了最佳保护，体内的自我免疫系统是那个时代唯一的治疗手段。于是，他逐渐痊愈了。

其实，身体本身就能够治疗疾病。保持正面的情绪，给身体以正面的刺激，可有益于健康。

不论通过何种形式，只要情绪得以改善，就会有同样良好的效果，比如，进行一次浪漫的恋爱。

有一个身患绝症的人，死神已经向他招手了，他几乎可以听见黄泉路上的潺潺流水声了。但他不想死，真的不想死。

忽然，有一天，他在医院门口看见了讣告。过去，他从未留意过医院门口的讣告。而这一次，讣告磁石般地将他吸引了。于是，他每天都到医院门口看讣告，看谁又被贴出来了。一个又一个名字。有些是他很熟悉的：熟悉他们的音容笑貌，熟悉他们的家庭子女。于是，他开始一笔一画地抄写讣告。日积月累，他抄写了厚厚的一个本子。有这么多人，在前面走了，自己对死亡，还有什么可惧怕的呢！讣告上那些沉痛的词语感染着他，燃烧着他。燃烧过后，他的内心反倒平静下来了。如果有一天，自己的名字真的被加上了黑框，真的被写到讣告上了，应该是一件很平常的事情。

闲下来的时候，他开始整理那些讣告。他将每一条讣告整理成文辞精美的散文。他歌颂死者，超度死亡，心里没有一丝倦怠和杂念。

他有一个朴实的想法，写够九十九个人，然后就停笔，将第一百个位置留给自己。虽然，他不知道，有谁会把他当作第一百个逝者来写。他的心情很好，因为有九十九个人在另一个世界等着自己，还有什么可留恋的呢？

第一百个死亡的人，他希望是自己。

可是，上帝一直没有露面。

后来，有一天，他打算给自己写的那些文章编号，排查一下自己的写作数量。让他吃惊的是，他写的文章，已经超过一百篇了。也就是说，他已经与死亡擦肩而过！

第一百个逝者，不是自己！

他喜出望外，泪流满面！

医生不相信这个奇迹。医生说：如果真是这样的话，我直接给每个绝症患者开具《死亡通知书》好了，让患者与死神零距离接触！

后来，他依然心情很好，每天跑到医院门口，抄写讣告，然后，回家整理成文章。

用正面情绪赶走了死亡，让自己健康地活着，可见保持良好的情绪对我们的身心健康异常重要。生活中，我们难免会遇到困难或险境，从而产生烦恼、痛苦、忧伤、愤怒等各种各样的消极情绪。我们要采取适当的方法宣泄不良情绪，重拾一份平和、快乐的心情，保持健康的活力。

有这样一个笑话，说的是人生有四大悲：久旱逢甘霖，一滴；他乡遇故知，债主；洞房花烛夜，情敌；金榜题名时，重名。本来是四件让人生大喜的事情瞬间变成大悲的事情，仅仅就是因为多加了两个字，其实也是因为最根本的两个字发挥了作用——心情。心情好了，看到任何事物都感到愉快，心情不好，即使是快乐的事情，他也能品出悲苦的味道来。所以，在我们本就很忙碌的生活中，不妨开心一下，保持轻松愉快的好心情，才能开心健康地活着。

心情的颜色影响世界的颜色

生活的现实对于我们每个人来说都是一样的。但一经个人"心态"的反射以后，情绪就会折射出不同的色彩。正如太阳本一色，但是却由频率不同的七种颜色组成，当你的心态是红色，反射出的情绪就是红色；当你的心态是蓝色，反射出的情绪也就是蓝色。我们的心里承载着不同颜色的事实、环境和世界。心态改变，情绪也会随之改变，从而使得情绪的不同反应产生不同心理表现。心里装着哀愁，情绪就会低迷，眼里看到的就全是黑暗，只有抛弃已经发生的令人不痛快的事情或经历，才会迎来好心情。

有一天，詹姆斯忘记关上餐厅的后门，结果导致早上3个武装歹徒闯入室内抢劫，他们要挟詹姆斯打开保险箱。由于过度紧张，詹姆斯弄错了一个号码，造成抢匪的惊慌，开枪射击詹姆斯。幸运的是，詹姆斯很快被邻居发现了，送到医院紧急抢救，经过18个小时的外科手术以及长时间的悉心照顾，詹姆斯终于出院了，但还有块子弹碎片留在他身上……

事件发生6个月之后，詹姆斯的朋友问起抢匪闯入时他的心路历程。詹姆斯答道："当他们击中我之后，我躺在地板上，还记得我有两个选择：生或者死——我选择活下去。"

"你不害怕吗？"朋友问。詹姆斯继续说："医护人员真了不起，他们一直告诉我没事，要我放心。但是在他们将我推入紧急手术间的路上，我看到医生和护士脸上忧虑的神情，我真的被吓到了，他们的脸上好像写着：他已经是个死人了！我知道我需要采取行动。"

"当时你做了什么？"

詹姆斯说："当时有个护士用吼叫的音量问我一个问题，她问我是否会对什么东西过敏。我回答：'有。'"

"这时，医生跟护士都停下来等待我的回答。我深深地吸了一口气喊道：'子弹！'等他们笑完之后，我告诉他们：'我现在选择活下去，请把我当作一个活生生的人来开刀，而不是一个活死人。'"

詹姆斯能活下来当然要归功于医生的精湛医术，但同时也归功于他令人惊异的情绪状态。我们从他身上学到，每天你都能选择享受你的生命，或是憎恨它。这是唯一一项真正属于你的权利。没有人能够控制或夺去的东西，就是你的态度。如果你能时时保持好的心情，你强大的情绪力量会让很多困难的事情变得容易许多。

心情的颜色会影响我们看世界的颜色，也就是影响外界刺激下的情绪。如果一个人，对生活抱一种达观的态度，就不会因不如意的事情，激发负面情绪。大部分终日苦恼的人，实际上并不是遭受了多大的不幸，而是自己的情绪调控存在着某种缺陷，对生活的认识存在偏差。事实上，生活中有很多坚强的人，即使遭受不幸，也快乐依旧。充满着欢乐与战斗精神的人们，永远带着欢乐生活，无论生活是雷霆还是阳光。

1% 的坏心情导致 100% 的失败

生活中，我们经常见到有人因情绪失控而乱发脾气，也经常看到有人因为发了脾气而把事情搞得一团糟，其中的原因不是这个人的工作能力不高，更不是这个人缺乏与人沟通的能力，而是因为这个人 1% 的坏心情，导致了最后 100% 的失败。

或许你不信这个结论，也或许你认为这么说有点儿夸张。其实不然，一个人的心情和一个人手头所做的事情有着很紧密的联系，心情好，手头的事情也相对完成得好，或许说是完成的质量较高，相反，心绪不稳，总是左顾右盼，胡思乱想，根本就不把心思放在工作上，这样的心态又怎么能把事情做好呢？

美国石油大王洛克菲勒就是一个能正确对待自己坏心情的阳光人士，而他的对手恰恰是因为不能控制这 1% 的坏心情，导致了最后的失败。

在法庭询问上，对手律师的态度明显怀有恶意，甚至有羞辱之意，可以想象，当时洛克菲勒的心情有多么糟糕，如果这个时候他也发怒，必将掉入对方设计的陷阱之中，不过洛克菲勒很聪明，他明白这个时候控制自己的情绪有多么重要，自己一定不能和对方的律师一样鲁莽，更不能让自己这种气愤的心情有所流露。

"洛克菲勒先生，我要你把某日我写给你的那封信拿出来。"对方律师很粗暴地对他说。洛克菲勒知道，这封信里面有很多关于美孚石油公司的内幕，而这个律师根本就没有资格来问这件事情，不过洛克菲勒先生并没有进行任何的反驳，只是静静地坐在自己的座位上，没有任何表示。

"洛克菲勒先生，这封信是你接收的吗？"法官开始发问。

"我想是的，法官先生。"

"那么你对那封信回复了吗？"

"我想没有。"

这时法官又拿出许多其他的信件来，当场宣读：

"洛克菲勒先生，你能确定这些信都是你接收的吗？"

"我想是的，法官。"

"那你说你有没有回复那些信件呢？"

"我想我没有，法官。"

"你为何不回复那些信，你认识我，不是吗？"对方律师开始插嘴。

"是的，当然，我想我从前是认识你的。"

至此，看到洛克菲勒丝毫不动怒，像什么事都没发生过一样。对方律师心情已经坏到极点，甚至有点儿开始暴跳如雷了，而洛克菲勒还是坐在那里丝毫不动，似乎眼前的事情根本就没有发生过，全庭寂静无声，除了对方律师的咆哮声。

最后对方律师因为情绪失控，在法庭上把真相说漏了嘴，最终结果可想而知，洛克菲勒不仅赢得了官司，还在美国人眼中留下了一个很优雅的形象。

这位律师因为自己的暴怒情绪，而将自己弄得方寸大乱，很多言行都被情绪控制，而不是头脑控制，这时的他就像一个掉线木偶，情绪受对手也就是洛克菲勒影响着，坏心情一点点扩大，最后输了这场官司。

生活中有太多这样的例子，由于自己不懂得控制坏情绪，最后酿成难以挽回的错误。情绪的力量可见一斑。

当然一个人也不能像一根木头一样，没有情绪，没有思想，不可能永远都不发怒，不可能永远都能心情很好地走进每天的生活。可是当你真正发怒的时候，你试想这样会发生什么样的后果？这样到底会不会损害你的利益，会不会动摇你在别人心目中的地位？如果你能真正意识到这一点，真正明白发怒只能把事情搞砸，而绝对不能把事情完美解决的话，你肯定就会好好地约束自己的情感，好好地控制自己的情绪，这样也就能和石油大王洛克菲勒一样，轻而易举地打败对方。

第四章 提升自我认识，摆脱情绪负债

情绪债务从童年开始产生

现代社会对情绪发泄的限制，使人们从小被迫背上情绪的债务。尤其是童年时候的情绪负债，它可能是人类潜意识中最长久的阴影，会持续影响一个人的一生。

虽然刚出生的小孩不会说话，无法表达情绪，哭和笑的情绪是最自然不过的，大家也对小孩抱有最大的宽容之心，不会因为他淘气而去打骂他，但等到孩子可以听懂大人说话时，家长便会以不许哭之类的话吓唬孩子，在这个时候，孩子就已经背负着情绪债务了。

他们根据大人的表达意识到自己的哭闹是不对的，是很丢脸或被认为是有目的的。等到再大一些之后，孩子便会意识到大人对自己情绪的教育，开始知道自己需要隐藏起部分情绪。如，一个小孩摔倒了，即使很疼，但如果只有他自己在场，便不会哭。他已经知道哭是要哭给别人看的，没有人看就没必要哭。等到大人看到之后询问时，他才会哇哇大哭。假如一直没有人看，他会一直压抑着自己的情绪，在小小的行为过程中便学会扭曲自己的感受，情绪负债由此开始累加。

从小时候家长对孩子哭闹的教育，到长大后学校里老师对孩

子的教育，以及家长的监管，一个孩子在"教育过程"中的情绪负债呈现逐渐上涨趋势。例如，一个孩子考试后回家，妈妈会问他考了多少分，假如没有考到满分，家长就会责怪他不好好学习，从而他便会认为在应试教育的过程中只有考了满分才对，但由于自己会出现各种失误，情绪会变得越来越紧张，以致于每次考试都害怕，压力过大就会形成"考前综合症"，甚至还会想到作弊。如果在教育过程中家长不是这么重视考试的结果，他恐怕不会想到用作弊去赢得高分。

其实，应付考试只是情绪负债导致的后果中最直接的一个。如果在教育中父母、师长、领导仍然一味刻意地追求好结果而忽视人性的本来弱点，就会导致孩子为了逃避责罚，慢慢学会撒谎和伪装自己。长大之后为了面子，更会不择手段，这才最可怕。这样的情绪负债会严重地扭曲一个人的人格。好的老师、好的家长应当让孩子的情绪得到正常渠道的发泄，要在言行之间教会孩子去真诚处事。

另外，在教育过程中，情绪的负债容易导致我们的思维被严重禁锢。如果家长给孩子的教育标准是正确的，那么孩子的情绪在正确标准的范围内可以自由自在地发展自我。但是，倘若这个标准本身就有问题，违背人类发展的自然天性，甚至扭曲人性，则会导致被教育者的情绪负债。

现代教育中提倡素质教育，提倡新课改，其实，这都是在扭转以往教育导致的情绪负债问题。以前的教育一味进行满堂灌，吃大锅饭，其实每个孩子都是独一无二的个体，但老师却用整齐划一的方式去进行填鸭式的教学，扼杀孩子的创造性思维，这一类不符合孩子天性的教学方式就禁锢了他们的思维。在长期的伪装和压抑下，孩子从小就失去了充分表达自己的能力和权利，这对个人身心来说是一种情绪压力。我们都知道把所有的话都讲出来会很痛快，但都害怕直接说出来会造成局势的紧张，影响到周围的人、事、物与自己的关系，于是，不得不伪装自己。其实，这正是造成情绪负债的根源所在。

情绪负债多半由自己造成

对于人的来源一说，中西方各有说辞。在西方，人们认为世界上有上帝，人类是上帝的孩子；在中国，人们认为人类是女娲创造出的孩子；达尔文从科学的角度解释道：人类是动物进化而来的。尽管对于人类的起源有各种各样的说法，但今天的我们，其实是先天影响和后天作用共同形成的社会中的人。其中，后天的影响是人们情绪产生、表达的重要因素。

人的心理结构大致都是相同的，都有喜怒哀乐的情绪。但是人生经历的不同，导致每个人心理形成因素不同。这就是为什么有人说"相由心生"，人们在儿童时期都没有多大差异，除了先天的相貌之外，作为孩童都爱玩、自由自在、无拘无束，不过，随着年龄的增长，人们之间的差异开始逐渐显现。

当一个人情绪压力过大的时候，内心就会疲惫，外在相貌就比较憔悴，显得未老先衰；当一个人生活稳定，情绪平和的时候，他就会表现得非常乐观，做起事来就会有条不紊、沉着冷静。

20岁的年轻人永远装不出60岁老人的儒雅和智慧，60岁的老人也不会有20岁的年轻人的活力和激情，这是必然的。然而，林肯总统评价一个人的时候说，一个人30岁之后就应该对自己的相貌负责。这其实是对个人修养提出的要求，尽管先天外在条件无法改变，但我们可以通过对后天素质的培养来展现自己的个人魅力。这就要求我们对个人情绪加以主观调控,而不能随意地发泄。

情绪是自然本能的感情反应,应当自由自在地去表达,想哭就哭,想笑就笑。只是,人生于社会、长于社会,发泄情绪的前提是要考虑到自己情绪发泄的时候别人的感受,恰当地去表达。

现实中的人要受到社会的种种限制,无法做到真正的无拘无束。孔子所说的"不逾矩",就是指一个人在行为处事中不能违反规矩。为什么人比其他动物高明,却要在现实中如此羁绊自己的情绪呢?为什么需要上学、受教育、压抑自己的情绪呢?

仔细分析一下,完全的自由实质上是不存在的,有限度的自由是对自由的最大保证。教育中的条条框框可以避免情绪的发泄失控,没有这种限制反而让人体会不到自由的美好。当在情绪的生成和表达过程中人们逐渐解除这些限制时,情绪负债就会慢慢解脱,这其实是一个螺旋式上升的发展过程。人们在情绪的负债过程中,一方面逐渐受到压抑和限制,这可以防止情绪的不合理发泄,另一方面,在逐渐摆脱这种压抑和限制的过程中可以使情绪获得更大的发泄空间。这正是人们走向自由的痛苦却又必需的过程。

在生活中,每个人都需要担负起自己的责任,履行属于自己的义务。对于情绪的负债亦是如此,我们必须对自己的情绪负债负责,而不能去逃避情绪或是随意发泄情绪。这是生活在社会中的人应有的底线。

三种因素造成情绪负债

人们从小就背负着很多情绪上的债务,童年时期父母的影响,青年时期老师同学的影响,这些都有可能成为人们的情绪来源。生活是喜怒哀乐的总和,只有找到了负面情绪的来源,才能及时将其摆脱，塑造适合个人发展的正面情绪。由此，本节将从性格方面来分析情绪负债的来源。

情绪负债的产生主要源于人的三种性格：一是依赖型性格，二是矛盾型性格，三是竞争型性格。

首先来谈谈依赖型性格。依赖型性格主要是指缺乏独立性，喜欢顺从别人的意志，没有主见的一种表现。这种性格的产生，往往是由于小时候父母对孩子的过分宠爱，凡事代劳造成的。家长对孩子的爱护、保护过分严重，以致孩子享受着种种依赖的感觉，而独立能力没有发展起来，自己和生活没有广泛地进行接触接轨，生活空间狭窄，兴趣单调，意兴懒散。他们总是等待，不会自己安排生活。有这种性格特点的人心目中总有个权威，有个家长，等待他们安排一切，因为从小就是这样。

有个高中生，他的爸爸是个军人，家庭教育也比较严格。从小到大，无论他做得多好，多么优秀，他爸爸从来不当面表扬他，只是说让他不要太骄傲自大。但在外人面前，谈起自己的儿子时爸爸却很高兴。记得有一次，儿子又考了全校第一，当他高高兴兴地回家把这个好消息告诉爸爸时，却没想到爸爸眼睛一瞪，说："看你，取得一点儿成绩就高兴成那样。"当时，他只觉得很委屈，跑到一边偷偷哭了很久，甚至还有些恨他爸爸。再长大一些，他已经知道爸爸的用意，只是他的性格已经养成。他已经形成了一种对爸爸的依赖，大事面前总是不果断，总想着会有两全其美的办法，认为这样可以少挨点儿骂。关于别人对自己的看法，他也特别在意。

从以上这个例子可以看出，孩子如果从小受到很严格的家庭教育，那么，他会一贯保持严谨、谦虚、谨慎的态度，为了保持判断事物的正确性，他就必须要反复考量，所以很容易产生情绪上的问题。一旦不这么做，自己就生怕会受到责备。长大以后，做事情可能就会为了得到两全其美的效果而优柔寡断，犹豫不决，严重一点儿甚至会产生焦虑情绪。

其次，是关于矛盾型性格。人本身是矛盾的，这句话没有错，但是如果人时时刻刻都处于一种显而易见的矛盾中，那么很容易背上情绪负债。

矛盾型性格的根源常常在于自我，他们总是以一种怀疑的态度看待周围的一切，总是在对与错、好与坏之间徘徊不定，情绪也随之不稳定地起伏。他们有的时候也明白事情的缘由到底如何，但却总是怀疑自己的判断，害怕作出错误的抉择，常常犹豫不定。这同样是一种性格缺陷，使他们不得不背上情绪负债。

这种矛盾型性格同样是源于小时候大人管教上出现偏差，不愿意肯定自己的孩子，而是以批评和怀疑的态度对待孩子，在这种成长环境下长大的小孩，会对自己缺乏信心，对自己的判断缺乏自信，产生许多负面的情绪。但是，矛盾型性格也是能逐步改善的。

最后，是关于竞争型性格。现在是一个竞争的社会，提倡要有竞争意识，竞争本身并不是什么坏事。但竞争也会给我们的情绪带来很多负面的影响，譬如，某些竞争，特别是互相攀比，其实本身是毫无意义的，但是却会让我们产生情绪负债。一旦看到比我们能力强的人，心里就立刻不平衡了。还有些人更为严重，互相攀比票子、车子、房子，甚至攀比父母的工作，似乎没有这些东西，或者在这些方面比不过别人，自己就会低人一等，比不上别人会产生自卑情绪或嫉妒情绪，超过别人又会产生自满情绪或盲目情绪。为了这些没有任何意义的攀比，许多人的情绪已经极度扭曲，负债已经非常严重。有很多人甚至从小就开始在家庭和财富上与人攀比。这种竞争不再是良性竞争，如果这种情绪负债从小就养成，实在是危害巨大。

不管是依赖型性格，还是矛盾型性格，抑或是竞争型性格，三者都有各自的优点和不足。要及时了解和熟悉自己属于哪种类型，是什么性格。而后，及时发扬自己的优点，改正自己的缺点，有针对性地摆脱掉情绪负债，才能获得情绪自由。

我们如何摆脱情绪负债

人们从小背负的许多情绪债务可能会影响他们的一生，情绪债务就像一把枷锁，无时无刻不在遏制我们的情绪。我们必须要学会摆脱情绪负债。情绪是个人的情感要素，需要依靠自己来摆脱情绪负债。自身需要做以下几个方面的改变：

第一，适当地控制自己的情绪。

适当，即既不能过分抑制自己的情绪，又不能让自己的情绪任意释放。一方面，过分抑制自己的情绪而不释放，会造成情绪严重积压，到一定程度就会不可阻止地爆发出来。不爆发则已，一爆发就会完全失去控制，不可收拾。另一方面，也不能随意由着自己的情绪，任其自由释放。从来不顾别人的感受，任由自己情绪释放的人到哪儿都将不受欢迎。这样容易导致交际障碍，从而产生很大的精神压力，甚至可能使人产生自闭症。因而，恰如其分地控制自己的情绪，既不要过分抑制，也不要任其释放，这样才能不会有过多的心理负担，情绪才能有所缓解。

第二，学会改变自己的想法。

其实，有时情绪低落只是因为受某种想法的影响。学会从相反的角度看问题，改变自己的想法，那么，情绪或许会由消极变为积极。例如，许多人去市场购物，基本上都是先问遍价格，再选择性价比较高的商家。当发现一个商家的同种商品比之前买的性价比高出很多，自己又会情不自禁地买下来。然后再好奇地问其他商家所卖的同种商品的价格，也许会发现还有性价比更高的商家。这时，你的心情也许会立刻变得非常懊恼，后悔自己急于购买。假如从另一角度来思考，也许自己所买的商品差价并不是很大，抑或质量要比价格便宜的同种商品好很多，并且早点买还可以节省很多时间。这样想想，或许自己的情绪就会好起来。想法改变，心情或许就能变好，情绪也会得到改观。

第三，遇到情绪问题多与人沟通。

很多人在背负情绪负债后，不愿意与他人沟通，其实和自己的朋友多聊一聊关于情绪的话题，有助于我们加深对情绪的理解，也有助于排解不良情绪。

例如很多人都有工作压力大，容易发脾气的情况，不如就约上三两个好友，把自己的压力和情绪大大方方地讲出来，你会发现，讲完之后感觉轻松多了，而且朋友们之间还能分享很多关于缓解压力的方法，遇到下一次相同的事情时，压力很快没有了，情绪也就不会积累了。

相反，那些不懂得与人沟通情绪问题的人，他们会越活越累，直到情绪负债把他们压得喘不过气来，其实，有情绪问题是正常的，没有人会嘲笑你。

想彻底摆脱情绪负债，就要学会做好以上三点。适当控制自己的情绪，避免在人际交往过程中出现很大的情绪波动，甚至形成心理性疾病。学会改变自己的想法，让自己在看问题、处理事情的时候产生积极的情绪，不钻牛角尖，不进入情绪低落的死胡同。经常与他人沟通自己的情绪问题。

第二篇

失控的内心世界

　　高负荷的工作，诸多烦心事无时不刻在搅扰我们的生活，因而产生的情绪也如四季般变化无常，一旦情绪发生波动，个人情绪就会表现出不同的内在感受。假如一个人负面情绪经常出现，而且持续时间较长，就会对自己产生负面影响，如影响身心健康、人际关系和日常生活等。那么，对于失控的内心世界，对于深处压力的现代人又该如何应对呢？

第一章　情绪爆发，人体不定时的"炸弹"

看清你的情绪爆发

生活中，悲伤、愤怒、恐惧这些人体不定时的"炸弹"随时有可能会爆发。脆弱是情绪爆发者当时的特点，心理防线已经崩溃，所有情绪就不在自己控制范围内了。

碰到涕泪横流或暴跳如雷，或极度焦虑而接近崩溃的人时，你当时会怎么想？是替他们担心，想帮助他们，还是对此感到恼怒，不想被牵连？当你试着让他们静下心来时就会发现，这些办法却助长了他们的情绪爆发，尽管这些办法对那些理性的人有效。这就是所谓的情绪爆发地带。

那么，究竟什么是情绪爆发？

情绪爆发有着各种各样的原因。爆发可能来自危险、恐吓、痛苦、烦恼，等等。尽管起因和结果各不相同，但它们却有如下的共性：

1.情绪爆发极为迅速

情绪爆发发生得极快，以致人们很难判断事态和思考应对的方法。

速度之快往往让人认为情绪爆发是无法预知的，因为它们总是出现得非常突然。正相反，这只是一种感觉，它并不能作为评判事实的最佳标准。

先冷静一会儿，使自己对事件的觉醒能力放慢下来，这样有助于了解起因和结果之间的关联性。通常，越是自己熟悉的所见所闻，就越觉得事物运动较慢。如相比自己的母语，外语听起来总是要快一些。

2. 情绪爆发非常复杂

情绪爆发包含言语、思想、荷尔蒙、神经传导和电脉冲。它由诸多同时发生的事件组成，也包括你和情绪爆发者都有的一些不同水平的体验。

当遇到情绪爆发者对你说话时，你需要清楚对方当时的说话内容，思考他们说话时的想法，以及他们身体里正在产生的相关生理反应。

当婴儿的情绪爆发时，大部分人，特别是许多家长往往能处理得得心应手，但对于成年人的情绪爆发问题，他们在应对时总是要差很多。这两类人的情绪爆发极为类似，只是人们的反应和感受极为不同罢了。

与成年人接触，人们往往更注意言语，有时试图与爆发者交谈，劝慰他们，使他们能够摆脱情绪困扰。但人们不会对婴儿也采取交谈和劝慰，而是抱起他们，给他们奶瓶。成年人情绪爆发时，我们不要过于关注外在表现，而要多思考引起这种情绪爆发的内因。要像听到婴儿啼哭时所想的那样，去应对成年人的情绪爆发问题。

3. 情绪爆发需要参与者

情绪爆发是一种需要他人参与的社会活动，即便找个隐秘的地方爆发，在爆发者的心里也是有听众的。可以这么说，情绪爆发就像一棵倒下的大树所发出的声响。没人听到声响，谁也不知道发生了什么，倒下的大树只是扰乱了周围的空气。与此不同的是，情绪爆发者可能会持续扰乱空气，直至有人听见情绪的爆发。

一旦情绪爆发，人们就会被牵扯进去，不可能只是目睹它的爆发，不管他们自己是否愿意。而事态的发展都或多或少地取决于人们的回应方式。最佳的回应或许是什么也不要做，特别是当自己没有其他选择的时候。通常，人们对情绪爆发采取的方式是以爆发回应爆发，或是向爆发者解释不应该有那种情绪的理由。不幸的是，这样往往会使事态朝着更恶劣的方向发展。

4. 情绪爆发是一种表达

情绪爆发者往往想通过自己的极端行为来向外界表达自己的感情与思想。一般，他们因找不到合适的话语而用行为来引起其他人产生同样的感受。当知道自己的感受被别人理解时，他们的那种被迫性示威行为或许就不会发生。

处于爆发地带的人们可能会有种被操纵的感觉，或者说，有一种被迫做自己不愿意做的事情的感觉。这样的想法只是一种急速的判断，非常不利于他们了解和处理情绪爆发。

想有效地应对情绪爆发，就必须站在他人的角度上看问题。如果认为情绪爆发是别人企图利用自己的恶劣手段，那么这种想法是极为错误的。他们爆发时表现出来的感受，是希望有人能做些事情，使他们感觉好起来，尽管他们往往并不知道那些事情是什么，他们也不在意做事情的主体是谁。

当然，情绪爆发者并不是想故意操纵别人。他们的爆发行为并不是故意的，而是一种无意识的行为。如果想让他们对自己的这种行为负责，很可能会使他们更为恼怒。尝试着询问情绪爆发者想让别人做些什么，这是有效地处理问题的技巧。如果你已经知晓他们想要的东西，那就最好不要再继续这个问题。

5. 情绪爆发会反复进行

情绪爆发是系列性的事件，而不是单独一个事件。反复是大多数情绪爆发的关键要素。反复地爆发会增强和延长这一爆发事件本身。如何化解这些反复至关重要。遇到让你手足无措的情绪爆发时，可以想方设法稳定这个事件，以防它再次爆发。

解决情绪爆发最好的方法就是尽力去帮助他们，但不是对他们屈服，不是一味地满足他们的任何要求。不能做个老好人，但对他们尽量和蔼、细心、勇敢。运用一些不会使情绪爆发者受到伤害而对他们有益的方法。这些方法要打破常规，即使令人觉得不舒服的方法也可以拿来试试。

"情绪风暴"中人心容易失控

所谓情绪风暴，就是指机体长时间地处于情绪波动不安的应激状态中。美国学者在对500名胃肠道病人的研究中发现，在这些病人当中，由于情绪问题而导致疾病的占74%。根据我国食道癌普查资料，大部分患者病前曾有明显的忧郁情绪和不良心境。我国心理学家在对高血压患者的病因分析中也发现患者病前常有焦虑、紧张等情绪。可见"情绪风暴"对人体有着巨大影响，因而备受重视。

紧张的情绪，超负荷的工作压力会让你产生难以预料的情绪风暴，带给你更多的烦恼。

35岁的黄荣新是一家贸易公司的部门主管。年纪轻轻的他能有如此出色的事业，除了才华，更多的是靠勤奋。为了这份工作，他每天工作十几个小时，出差更是家常便饭。突然有一天，一向精力充沛的他发觉越来越多的困扰向他袭来：心悸、失眠、易怒、多疑、抑郁，以前 10 分钟就能解决的问题，现在却要花费一个小时，他甚至对工作产生了极其厌倦的情绪，整个人也变得日渐憔悴。

实际上，在现代社会中，由工作压力带来的心理矛盾和冲突是普遍存在的。竞争的压力、工作中的挫折、生活环境的显著变化、人际关系的日趋紧张等，使人不可避免地处于紧张、焦虑、烦躁的情绪之中。

当个体的情绪处于动荡不安的"风暴"中时，大脑的活动会受影响。例如，过度焦虑会引起大脑兴奋与抑制活动的失调，这不仅会使人的认知范围狭窄、注意力下降，严重者还会罹患精神疾病。日常生活中，常见的一些神经衰弱与焦虑等不良情绪有关。此外，有研究显示，大脑活动的失调还会使自主神经系统的功能发生紊乱，长此以往将使躯体出现某些生理疾病症状。

1943 年，沃尔夫医生偶然遇到了一个名叫汤姆的病人。汤姆因误食一种腐蚀性的溶液而灼伤了食道，不能再吃食物。于是外科医生在他的胃部开了一个口，以便把食物直接灌入胃中，同时，也提供了从洞口中直接观察胃黏膜活动的机会。人们意外地发现，当病人处于紧张的情绪状态中时，胃黏膜会分泌出大量的胃液，而胃液分泌过多将会导致胃溃疡。由此可见情绪对身体有直接的影响。

加拿大心理学家塞尔耶在有关"情绪风暴"对个体的身心变化影响的研究中，提出了情绪应激理论。塞尔耶认为，当人遇到紧张或危险的场面时，他会有很重的精神负担，而此时人往往又需要迅速作出重大决策来应付这种危机，机体因此会处于应激状态。在应激状态下，人脑某些神经元被激活，它释放出促使肾上腺皮质激素因子，并使血管紧张。

随着现代文明进程的加速，社会竞争日益加剧。人们的生活节奏也跟着"飞"起来，以至于现代人把一个"忙"字作为口头禅。职场白领们在四季恒温的办公区，面对一个格子间，一个显示器，一大堆文件，总有做不完的事情。由于工作紧张、人际关系淡漠等因素的影响，导致人们的身心压力越来越大。

对于轻微的压力，人们可以通过自我调节来消除，或随着时间的推移而日渐淡化。如果处理得当，还能将压力转化为人生的动力，促进个体能够奋发进取。但若是压力不能及时得以排除，长期积聚，无形的压力会影响人的身心健康，形成所谓的"亚健康"状态。

如果你已经处于"情绪风暴"中，就要尽快从中抽身，做一些对情绪平复有帮助的事情。早一点将"风暴"赶走，就早一点回归到安宁、平静、快乐的生活中。你是情绪的主人，要善于调控自己的情绪。

负面情绪消耗着我们的精神

当人们太在意某件事情的时候，就会变得心神不宁，此时负面情绪消耗着他们的活力和精力。他们是不可能以最佳效率将事情办好的。事实上，所有的负面情绪都与自己的软弱感和力不从心有关，因为此时的思想意识和体内的巨大力量是分离的。所以，在我们的情绪没有回归到平和之前，任何情绪的作用对于我们来说都是消耗，负面情绪越大、持续时间越长，这种消耗就越大。

王萌和李乐是一对恋人，王萌是一个文静细心的女孩子，而李乐正好相反，性格外向、开朗。两人感情一直很好。

一天，李乐到外地出差，因为旅途疲惫就直接在旅馆里休息了，没有给王萌打电话。王萌却在另一个城市苦苦等着李乐的消息，左等右等始终不见李乐的电话，她自己着急了：他现在干什么呢？跟谁在一起呢？这么晚了还不打电话是不是出什么事了呢？越想越糟，却不好意思打电话问原因。就这样，王萌在焦虑不安中度过了一夜。

这是一个在恋爱中十分普遍的现象，如果王萌打个电话问明原因就不会整夜无眠，但是她陷入了不良情绪的旋涡中不能自拔。

很多事情证明：如果人们怀着某种美好的情绪去做事时，往往会出现事半功倍的效果；相反，如果用一种消极的态度来面对事情，结果只能是事倍功半。

想想平时发生在我们周围的事情，有多少人因为情绪不好与成功失之交臂，有多少人因为负面情绪而错过了美好的恋人，有多少人因为闹情绪而毁掉了自己的美好前途？

大部分人的智商其实都相差无几，要想在激烈的竞争中脱颖而出，你的情商起到了至关重要的作用，人们已越来越重视个人情商的培养。其实，通过一段时间的培训和坚持，我们是可以有效地控制和驾驭自己的情绪的。

首先，要随时避免自己产生不良的情绪，适时转移自己情绪注意的焦点。

学会驾驭自己的情绪，一旦出现不良情绪，就要告诉自己，生气郁闷不仅要花费力气，还会伤元气。案例中的王萌就让负面情绪影响了自己，以至于浪费了时间，并把自己搞得筋疲力尽。

要学会适时地消除自己的不良情绪。气愤时做几个深呼吸，生气时数数绵羊，听听舒心的音乐，跟好友一起到 KTV 唱歌，等等，这些都有助于稳定自己的情绪。

其次，意念具有神奇的魔力，可以通过信念的力量来消除不良情绪的困扰。

用体力、情绪和信念三种方式来输出一个点数的能量，以体力的方式输出约 10 卡路里，而以信念的方式输出的能量是体力的 100 倍——1000 卡路里。可见，信念的力量是巨大的。合理地运用信念，有助于克服不良情绪的困扰。

由真实故事改编的电影《美丽人生》的主人公纳什教授是一个患有精神分裂症的人，在他的生命长河中有三个想象中的人物一直不离不弃地伴随着他。当医生告诉他那三个人是不存在的，是他幻想出来的时候，他很受打击。但是当他确定自己的病情后拒绝服药，而是运用信念的力量拒绝与这三个人交流，专心于自己的研究，最终获得了诺贝尔奖。

再次，合理地转化不良情绪，变废为宝。

并非所有的不良情绪都会导致坏的结果，只要合理地运用不良情绪，转变观念，就能变废为宝。所谓"不愤不启，不悱不发"说的就是这个道理。

古往今来，有多少英雄人物成功地走出了人生的低谷，摆脱了不良情绪的困扰。宋代的苏轼留下了上千首千古绝唱，谁曾想过他官场失意，被贬数次？假如他因此郁郁寡欢，沉浸在悲伤的情绪中不能自拔，怎会有那被传颂至今的豪放词曲呢？

当我们抑郁时、痛苦时、沮丧时，要辩证地看待它们，把它们看做一次教训、一种对成功的磨炼，这样不仅帮助我们查漏补缺，而且有利于继续向美好的生活前进，何乐而不为呢？

负面情绪的极端爆发

一位国外著名的心理咨询师这样说道："压力就像一根小提琴弦，没有压力，就不会产生音乐。但是如果弦绷得太紧，就会断掉。

你需要将压力控制在适当的水平——使压力的程度能够与你的心智相协调。"

随着生活节奏加快、工作压力增加、人际关系日益复杂、家庭生活也充满越来越多的变数……情绪、心理疾患正日益困扰着现代人，在生活和工作的重压下，很多人常常控制不住自己的情绪，结果不仅影响自己的形象，还会给周围的人造成不好的影响。

40岁的阿利是一位IT高级经理，脾气好在单位里是出了名的。但最近这两个月部门的销售形势出现了"瓶颈"，尽管辛辛苦苦每天在外面跑，可业绩榜上还是"吃白板"。一天老板关起门，"和颜悦色"地给他上起了销售培训课，即便没有一句训斥的话，可他还是觉得心里不痛快。而平时十分细心的助理丽丽却在这时把一份报告接连打错了好几个字。一股无名之火立马蹿了上来，他拍着桌子把报告扔到了丽丽头上，小姑娘眼泪滴滴答答地往下流，他还是喋喋不休。后来他冷静下来，自己也觉得情绪失控，追根寻源，还是工作压力太大惹的祸。

无处不在的压力给现代人的情绪带来了恶劣的影响，你肯定也有亲身体会：是不是莫名其妙地发脾气、烦躁，看什么都不舒服；坐公交车、地铁，看旁边两个人有说有笑你就生气；别人不小心踩了一下你的脚，你就像找到发泄的渠道一样，与其大吵一架……其实，这些负面情绪无一不是压力带给你的，当压力越来越大，你的情绪越来越差时，结果只有两个，那就是：不在压力中爆发，就在压力中灭亡。当然，这两个结果我们最好是选择前者，情绪不好，发泄出来就可以缓解了。

姜玲是一家大型公关公司的客户总监，平均每天要工作10个小时以上，最能忍受的是，常常要同时应对客户、同事、上司几方面的压力。"3个月前接一个项目，客户是一家外地民营公司，不了解这边的情况，提出很多无理的要求。这两个多月，我不断地打电话、发电子邮件，光是'空中飞人'就飞五六次，就是为把事情沟通好。"

"实在是压力太大！"35 岁的姜玲说。

这边的事情还未处理好，同事中又有临时"掉链子"的，作为项目负责人的姜玲终于崩溃了。"那天我回到家，一个人喝了半瓶红酒，突然觉得很累，也很委屈，就趴在枕头上大哭了一场，嗓子都哭哑了，然后就睡着了。""哭能让我的心情变好。"第二天清醒过来的姜玲意识到这一点。

在有些城市的部分白领中，有一种被称为"周末号哭族"的群体，而这种看似奇怪的方式正是他们舒缓压力的途径。

不良压力使人感到无助、灰心、失望，它还能引起身体和心理上的不良反应；良性压力能够给人以动力，使人愉快并能有效地帮助人们生活。

既然无法逃避压力，就要学会正确对待压力。及时排解不良情绪，把心中的不平、不满、不快、烦恼和愤恨及时地倾泻出去。记住，哪怕是一点小小的烦恼也不要放在心里。如果不把它发泄出来，它就会越积越多，乃至引起最后的总爆发。

勿让情绪左右自己

情绪如同一枚炸药，随时可能将你炸得粉身碎骨。遇到喜事喜极而泣，遇到悲伤的事情一蹶不振，人世间的悲欢离合都被人的心绪所左右。

爱、恨、希望、信心、同情、乐观、快乐、愤怒、恐惧、悲哀、厌恶、轻快、仇恨、贪婪、嫉妒都是人的情绪。情绪可能带来伟大的成就，也可能带来惨痛的失败，人必须了解、控制自己的情绪，勿让情绪左右了自己。能否很好地控制自己的情绪，取决于一个人的气度、涵养、胸怀、毅力。气度恢弘、心胸博大的人都能做到不以物喜，不以己悲。

激怒时要疏导、平静；过喜时要收敛、抑制；忧愁时宜释放、自解；焦虑时应分散、消遣；悲伤时要转移、娱乐；恐惧时要寻支持、帮助；惊慌时要镇定、沉着……情绪修炼好，心理才健康。

空姐吴尔愉是个控制情绪的高手。她的优雅美丽来自一份健康的心态。她认为，当心里不畅快的时候，一定要与人沟通、释放不快。如果一个人习惯用自己的优点和别人的缺点相比，对什么都不满意，却对谁都不说，日积月累，不但她的心情很糟糕，而且她的皮肤也会粗糙，美貌当然会减半。所以，有不开心、不顺心的事，她一定找一个倾诉的伙伴。不但自己能一吐为快，朋友也能从旁观者的角度给她建议，让她豁然开朗。

在工作中，她更善于控制情绪，让工作成为好心情的一部分。飞机上常常遇见刁钻、挑剔的客人。吴尔愉总是能够让他们满意而归。她的秘诀就是自己要控制好情绪，不要被急躁、忧愁、紧张等消极情绪所左右，换位思考，乐于沟通。

有一位患上皮肤病的客人在飞机上十分暴躁，一些空姐都对他很生气。此时吴尔愉却亲切地为他服务，并且让空姐们想想如果自己也得了皮肤病，是否会比他还暴躁。在她的劝导下，大家都细心照顾起这位乘客来。

做自己情绪的主人，是吴尔愉生活的准则，也是她事业成功的秘诀。以她名字命名的"吴尔愉服务法"已成为中国民航首部人性化空中服务规范。能适度地表达和控制自己的情绪，才能像吴尔愉一样，成为情绪的主人。人有喜怒哀乐不同的情绪体验，不愉快的情绪必须释放，以求得心理上的平衡。但不能过分发泄，否则，既影响自己的生活，也会在人际交往中产生矛盾，于身心健康无益。

当遇到意外的沟通情境时，就要学会运用理智，控制自己的情绪，轻易发怒只会造成负面效果。

累了，就去散散步。到野外郊游，到深山大川走走，散散心，极目绿野，回归自然，荡涤一下胸中的烦恼，清理一下混乱的思绪，净化一下心灵尘埃，唤回失去的理智和信心。

唱一首歌。一首优美动听的抒情歌，一曲欢快轻松的舞曲或许会唤起你对美好过去的回忆，引发你对灿烂未来的憧憬。

读一本书。在书的世界遨游，将忧愁悲伤统统抛诸脑后，让你的心胸更开阔，气量更豁达。

看一部精彩的电影，穿一件漂亮的新衣，吃一点最爱的零食……不知不觉间，你的心不再是情绪的垃圾场，你会发现，没有什么比被情绪左右更愚蠢的事了。

生活中许多事情都不能左右，但是我们可以左右我们的心情，不再做悲伤、愤怒、嫉妒、怀恨的奴隶，以一颗积极健康的心去面对生活中的每一天。

第二章　梦想遭遇灭顶之灾——恐惧爆发

时刻怀疑自己的能力

对于消极失败者来说，他们的口头禅永远是"不可能"，这使他们离梦想越来越远，恐惧情绪由此爆发。这已经成为他们的失败哲学，他们遵循着"不可能"哲学，一直与失败为友。

那些成功人士，如果当初都在一个个"不可能"面前，因恐惧失败而退却，放弃尝试的机会，则不可能获得成功的青睐。没有经过勇敢的尝试，就无从得知事物的深刻内涵，而勇敢作出决断，即使失败，也会获得宝贵的体验，从而愈发坚强，愈发聪慧，愈发接近梦想。

古代有位国王，想挑选一名官员担任一项重要的职务。

他把那些智勇双全的官员全都招集起来，想试试他们之中究竟谁能胜任。官员们被国王领到一座大门前。面对这座国内最大的、谁也没有见过的大门，国王说："爱卿们，你们都是既聪明又有力气的人。现在，你们已经看到，这是我国最大最重的大门，可是一直没有打开过。你们中谁能打开这座大门，帮我解决这个久久没能解决的难题呢？"

不少官员远远地望了一下大门，连连摇头。有几位走近大门看了看，退了回去，没敢去试着开门。另一些官员也都纷纷表示，没有办法开门。这时，有一名官员走到大门旁，先仔细观察了一番，又用手四处探摸，用各种方法试探开门。几经试探之后，他抓起一根沉重的铁链子，没怎么用力拉，大门竟然开了！原来，这座看似非常坚牢的大门，并没有真正关上，只要拉一下看似沉重的铁链，甚至不必用多大力气推一下大门，都可以打得开。如果连摸也不摸，看也不看，自然会对这座貌似坚牢无比的庞然大物感到束手无策。

国王对打开了大门的大臣说："朝廷中重要的职务，就请你担任吧！因为你不仅限于你所见到的和听到的，在别人感到无能为力时，你也会仔细观察，并有勇气冒险试一试。"他又对众官员说，"其实，对于任何貌似难以解决的问题，都需要我们开动脑筋，仔细观察，并有胆量冒一下险，勇敢地试一试。"

那些没有勇气试一试的官员们，一个个都低下了头。

"不可能"并非真的不可能，而是被夸大的困难吓住了前进的脚步。困难就像是"虚掩的门"，只要敢于蔑视困难、把问题踩在脚下，最终你会发现：所有的"不可能"，最终都有机会变为"可能"。

"不可能"经常被人们所引用，它使人们对自己或他人失去信心，也让人们不相信奇迹的发生。"不可能"只是失败者心中的禁锢，具有积极情绪的人，从不将"不可能"放在心上，更不会因为"不可能"而恐惧。

科尔刚到报社当广告业务员时，经理对他说："你要在一个月内完成 20 个版面的销售。"

20 个版面一个月内完成，人们认为这个任务是不可能的。因为报社内最好的业务员一个月最多才销售 15 个版面。

但是，科尔不相信有什么是"不可能"的。他列出一份名单，准备去拜访别人以前招揽不成功的客户。去拜访这些客户前，科尔把自己关在屋里，把名单上的客户的名字念了10遍，然后对自己说："在本月之前，你们将向我购买广告版面。"

第一个星期，他一无所获；第二个星期，他和这些"不可能的"客户中的5个达成了交易；第三个星期他又成交了10笔交易；月底，他成功地完成了20个版面的销售。在月度的业务总结会上，经理让科尔与大家分享经验。科尔只说了一句："不要因恐惧被拒绝，尤其是不要因恐惧的情绪被第一次、第十次、第一百次，甚至上千次的拒绝。只有这样，才能将不可能变成可能。"

报社同事给予他最热烈的掌声。

在生活中，我们时常碰到这样的情况：当你准备尽力做成某件看起来很困难的事情时，就会有人走过来告诉你，你不可能完成。其实，"不可能完成"只是别人下的结论，能否完成还要看你自己是否去尝试，是否去尽力。是否去尝试，需要你克服恐惧失败的情绪；是否去尽力，需要你克服一切障碍，获得力量。以"必须完成"或者"一定能做到"的心态去拼搏奋斗，你一定会做出令人羡慕的成绩。

在积极者的眼中，永远没有"不可能"，不要被别人认为"不可能"的事情吓倒，取而代之的是"不，可能"。积极者用他们的意志和行动，证明了"不，可能"。

输给自己的假想敌

到了一个阴森森、黑漆漆的地方，我们会感到毛骨悚然，心跳加速，好像危险的事就要发生，于是步步惊魂，随时提高警惕，严阵以待，但是到了最后，往往什么事也没发生，自始至终，都是我们自己在吓自己。所有紧张、恐惧的情绪其实全都来自于自己的想象。

小光刚到深圳打工时，在一家酒吧做服务生。

自从第一天上班，老板便特别提醒小光："我们这一带有一个人，经常来白吃白喝，心情不好的时候，还会把人打得遍体鳞伤，因此，如果你听到别人说他来了，你什么也别想，想尽办法赶快跑就对了。因为这个人实在太蛮横了，连警察都不放在眼里，上一个酒保被他打伤，到现在还躺在医院里。"

某一天深夜，酒吧外面忽然一阵大乱，有人告诉小光说那个经常闹事的人来了。

当时，小光正在上厕所，等到他走出来时，酒吧里的客人、员工早就跑得干干净净，连个影子也见不到了。

这时，只听见"砰"的一声，前门被人踢开了，一个凶神恶煞般的男人大步走进门。他的脸上有一道刀疤，手臂上的刺青一直延伸到后背。

他二话不说，气势汹汹地在吧台前坐了下来，对小光吼道："给我来一杯威士忌。"

小光心想，既然已经来不及逃跑了，不如就试着赔笑脸，尽量讨这个人的欢心，以保全自己吧！于是，他用颤抖的双手，战战兢兢地递给那个男人一杯威士忌。

男人看了小光一眼，一口气把整杯酒饮干，然后重重地把酒杯放下。

看到这一幕，小光的心脏简直快要跳出来了，若不是酒吧里还放着音乐，他的心跳声一定会被人听见。小光勉强鼓起勇气，小声地问道："您……您要不要再来一杯？"

"我没那时间！"男人对着他吼道，"你难道不知道那个喜欢闹事的人就要来了吗？"

不久之后，那个男人就走了，小光这才重重地舒了一口气。小光这才发现，其实那个人并不可怕，只是人们无形之中把恐惧扩大了。

很多时候，人们就像案例中的小光一样，到事情结束后才发现恐惧是自己制造的。对于我们来说，世界是一个宏大的舞台，其中就有很多镁光灯照不到的地方，而我们有的时候就被迫在这些带给我们不安的黑暗中去跳舞，想象着各种危险，有的时候甚至逃避着这一切。

其实这个社会中不仅只有你一个人面临这些焦虑和恐惧，很多人都曾在某个时刻被突如其来的未知恐惧所打垮。

与陌生人的交往就是这么一种典型状况，我们把陌生人想象成很可怕的样子，然后害怕与他们交往。

一份来自美国的研究资料称，约有40%的美国人在社交场合感到紧张，那些神采奕奕的政界人士和明星，也有手心出汗、词不达意的时候，还有一些人表面上侃侃而谈、镇定自若，实际上手心早已一把汗。

事实上，我们每个人都需要面对自己的焦虑、紧张情绪，如果你承认并接纳这种紧张情绪，你很快就能抛开它。而那些让紧张情绪影响工作和生活的人，则被心理专家定性为患有社交焦虑症或社交恐惧症的人，他们的糟糕表现，往往是因为不能承认自己的焦虑和紧张情绪所致。

对某些事物或情景适当的恐惧，可使人们更加小心谨慎，有意识地避开有害、有危险的事物或情景，从而更好地保护自己，避免遭受挫折、失败和意外事故。过度的恐惧则是最消极的一种情绪，并且总是和紧张、焦虑、苦恼相伴，而使人的精神经常处于高度的紧张状态。严重影响一个人的学习、工作、事业和前途。

因此它必然损害健康，引起各种心理性疾病，长期的极端恐惧甚至可使人身心衰竭。

为了自己的健康和进步，有恐惧心理的人必须下定决心，鼓足勇气，努力战胜自己不健康的恐惧心理。

现在，请闭上眼睛，什么都不要想，彻底放松，除去一切的紧张，然后让憎恨、愤怒、焦虑、嫉妒、艳羡、悲痛、烦忧、失望等精神中的一切不利因素离你而去，你会感到轻松无比。

直面恐惧才能消除恐惧

恐惧能摧残一个人的意志和生命。它能影响人的胃口、降低人的修养、削弱人的生理与精神的活力，进而破坏人的身体健康；它能打破人的希望、消退人的意志，使人的心力"衰弱"以致不能创造或从事任何事业。

恐惧有时候就像是一道门，实际上你没有必要害怕，那扇门是虚掩着的。一旦你勇于面对恐惧，就会立刻醒悟：自己拥有的能力竟然远远超过原来的想象。

约翰是一个非常平凡的上班族，却在40岁那年做出了一个令人惊讶的举动，放弃他薪水优厚的办公室工作，并把身上仅有的3美元捐给了街角的乞丐，只带了换洗的衣裤，他决定从自己的老家——阳光灿烂的加州出发，靠搭便车与陌生人的好心，到达东岸一处叫作"恐怖角"的地方。

他之所以作出这样仓促的决定，完全是因为自己的精神即将崩溃，虽然他有一份好工作、温柔美丽的妻子、善良可敬的亲友，但他发现自己这辈子从来没有下过什么赌注，平顺的人生从没有高峰或低谷。

他觉得自己的前半生在懦弱中虚度了。

他选择"恐怖角"作为最终目的，借以表明他征服生命中所有恐惧的决心。

为了检讨自己的懦弱，他很诚实地为自己的"恐惧"开出一张清单：从小时候开始算起，他就怕保姆、怕邮差、怕鸟、怕猫、怕蛇、怕蝙蝠、怕黑暗、怕大海、怕飞、怕城市、怕荒野、怕热闹又怕孤独、怕失败又怕成功、怕精神崩溃……他无所不怕，唯一"英勇"的一次是他当众向妻子表白求婚。

这个懦弱的 40 岁男人上路前竟还接到母亲的纸条："你一定会在路上被人杀掉。"但他成功了，4000 多里路，78 顿餐，仰赖 82 个陌生人的好心。

身无分文的他从没接受过别人在金钱上的帮助，在暴风骤雨中睡在潮湿的睡袋里，风餐露宿只是小事，他还曾经碰到精神病患者的骚扰，遇到几个怪异诡秘的家庭，甚至还会时不时地觉得有人像杀人狂魔和银行抢劫犯。经历这无数的"恐惧"之后，他终于来到"恐怖角"，接到妻子寄给他的提款卡（他看见那个包裹时恨不得跳上柜台拥抱邮局职员）。他不是为了证明金钱无用，只是用这种正常人会觉得"无聊"的艰辛旅程来使自己面对所有恐惧。

"恐怖角"到了，但令人意外的是，这"恐怖角"并不恐怖，原来"恐怖角"这个名称，是由一位探险家取的，本来叫"Cape Faire"，被讹写为"Cape Fear"，只是一个失误。

约翰终于明白："这名字的不当，就像我自己的恐惧一样。我现在明白自己一直害怕做错事，我最大的耻辱不是恐惧死亡，而是恐惧生命。"

地位、声望、财富、鲜花……这些美好的东西都是给富于勇气的人准备的。一个被恐惧控制的人是无法成功的，因为他不敢尝试新事物，不敢争取自己渴望的东西，自然也就与成功无缘。胆怯、逃避是毫无用处的，只有直面恐惧，才能战胜它。

恐惧心理有很多类型：担心事情发生变化、害怕遭遇未知的难题、因放弃稳定的收入而感到不安。每个人都有自己惧怕的事情或情景，而且不少事物或情景是人们普遍惧怕的，如怕雷电、怕火灾、怕地震、怕生病、怕高考、怕失恋，等等。但是，有的人的恐惧异于正常人，如一般人不怕的事物或情景，他（她）怕；一般人稍微害怕的，他（她）特别怕。这种无缘无故的与事物或情景极不相称、极不合理的异常心理状态，就是恐惧心理。它是一种不健康的心理，严重的就是恐惧症。

恐惧心理，就像干扰电波一样，让我们的情绪一直处于不正常值，生活和工作都会因它而有损害，所以我们一定要尽快克服恐惧心理。以下是几种战胜恐惧的方法：

1. 学习科学知识

一位心理学家说得好："愚昧是产生恐惧的源泉，知识是医治恐惧的良药。"的确，人们对异常现象的惧怕，大多是由于对恐惧对象缺乏了解和认识引起的。

2. 勇于实践

经常主动接触自己所惧怕的对象，在实践中去了解它、认识它、适应它、习惯它，就会逐渐消除对它的恐惧。例如，有的人惧怕登高、惧怕游泳、惧怕猫、惧怕毛毛虫等。害怕异性，可以勇敢地去和异性交流，只要经常多实践、多观察、多锻炼、多接触，就会增长胆识，消除不正常的恐惧感。

3. 转移注意力

把注意力从恐惧对象转移到其他事物上，以减轻或消除内心的恐惧。例如，要克服在众人面前讲话的恐惧心理，除了多实践多锻炼外，每次讲话时把自己的注意力从听众的目光、表情转移到讲话的内容上，再配合"怕什么！"等积极的心理作用，心情就会平静，说话就比较轻松自如了。

直面恐惧，让自己成为一个冒险家，人生便不再黑暗，敢于争取、敢于斗争的人才会给自己争取到成功境界里的一席之地，如果你无法战胜自己的恐惧心理，成功也就永远与你无缘。所以，不要害怕，去勇敢面对荆棘、坎坷，你才会活得有声有色。

不能正确认识已经历或未经历的事

恐惧是大脑的一种非正常状态，它是由个人经历的扭曲或受到伤害引起的。它产生的原因已经为大部分人所遗忘。因为我们不希望承认自己恐惧，这种恐惧感被我们埋在心底，犹如一个毒瘤。

有的学者说："愚笨和不安定产生恐惧，知识和保障却拒绝恐惧。"有的学者进一步指出："知识完全的时候，所有恐惧，将统统消失。"古罗马箴言说："恐惧所以能统治亿万众生，只是因为人们看见大地寰宇，有无数他们不懂其原因的现象。"宋朝理学家程颢、程颐认为："人多恐惧之心，乃是烛理不明。"显然，恐惧产生于惧怕，但惧怕的形成源于无知，源于对已经历或未经历的事的不认识。

无论作为个人还是作为社会，恐惧都是我们今天面对的最大的挑战之一。恐惧使我们无法充分地展示自我，同时又阻碍着我们爱自己和爱他人。没来由的、荒谬可笑的恐惧会把我们囚禁在无形的监牢里。随着先进的通讯技术把世界各地发生的事件送进每个家庭，我们能了解到其他地区的文明，于是，我们对不可知物的恐惧与无知的阴影就会逐渐消失。

夏天的傍晚，有个人独自坐在自家后院，与后院相毗邻的是一片宁静的森林。这人的目的，就是要在大自然的怀抱中放松身心，享受一下黄昏时分的宁静。随着天色渐渐暗下来，他注意到，树林里的风越刮越大了。于是他开始担心，这样的好天气是否还能保持下去。接着，他又听到树林深处传来一些陌生的声音。他甚至猜想，可能有吃人的动物正向他走来。

不一会儿，这个人满脑子都是这种消极的想法，结果变得越来越紧张。这个人越是让怀疑和恐惧的念头进入他的头脑，他就离享受宁静夏夜的目标越远。这个人的体验很好地验证了布赖恩·亚当斯的生活法则："恐惧是无知的影子，若抱有怀疑和恐惧的心理，势必导致失败。"

在忐忑不安的情绪支配下，焦虑会在我们的心中积聚起来，转化为恐惧和惊慌失措，情绪就是这么层层递进的。在这种情况下，我们就不能充分享受生活了。面对可能蒙受的耻辱，我们就会退缩和自暴自弃，不去做创造性的贡献。由于害怕遭到拒绝，我们就不敢去努力争取我们真心想得到的东西。由于害怕失败，我们会拒绝承担责任。由于害怕与他人不一致，我们会放弃自身的个性。因而，消除恐惧心理，是十分必要的。

我们也许听说过这句老话："你不知道的东西不会伤害你。"其实完全不是这么回事。无知并不是福气，相反，它往往会引起消极负面的情绪。

内心怯懦容易导致失败

有句名言说，失败的人不一定懦弱，而懦弱的人却常常失败。

这是因为，懦弱的人害怕有压力的状态，因而他们害怕竞争。在对手或困难面前，他们往往不善于坚持，而选择回避或屈服。

懦弱通常是恐惧的同伴。懦弱带来恐惧，恐惧加强懦弱。它们都束缚了人的心灵和手脚。恐惧的字眼和言语，却常常将我们所恐惧的东西招到身边。

"如果你是懦夫，那你就是自己最大的敌人；如果你是勇士，那你就是自己最好的朋友。"美国最伟大的推销员弗兰克如是说。对于内心胆怯而做事又犹豫不决的人来说，一切都是不可能的，正如采珠的人如果被鲨鱼吓住，怎能得到名贵的珍珠呢？

那些总是担惊受怕的人，得不到真正自由的人生，因为他总是会被各种各样的恐惧、忧虑包围着，看不到前面的路，更看不到前方的风景。

在波士顿的一个小镇上有一个名叫杰克的青年，他一直向往着大海。一个偶然的机会，他来到了海边，那里正笼罩着浓雾，天气寒冷。他想：这就是我向往已久的大海吗？他的希望和失望落差很大，他想：我再也不喜欢海了。幸亏我没有当一名水手，如果是一名水手，那真是太危险了。

在海岸上，他遇见一个水手，他们交谈起来。

"海并不是经常这样寒冷又有浓雾的，有时，海是明亮而美丽的。但在任何时候，我都爱海。"水手说。

"当一个水手不是很危险吗？"杰克问。

"当一个人热爱他的工作时，他不会想到什么危险。我们家里的每一个人都爱海。"水手说。

"你的父亲现在何处呢？"杰克问。

"他死在海里。"

"你的祖父呢？"

"死在大西洋里。"

"你的哥哥呢？"

"当他在印度的一条河里游泳时，被一条鳄鱼吞食了。"

"既然如此，"杰克说，"如果我是你，我就永远也不到海里去。"

水手问道："你愿意告诉我你父亲死在哪儿吗？"

"死在床上。"

"你的祖父呢？"

"也死在床上。"

"这样说来，如果我是你，"水手说，"我就永远也不到床上去。"

如果在海边你就开始惧怕海中的波浪，那么你注定无法体验到海的魅力。

学者马尔登曾说过："人们的不安和多变的心理，是现代生活多发的现象。"他认为，恐惧是人生命情感中难解的症结之一。面对自然界和人类社会，生命的进程从来都不是一帆风顺、平安无事的，总会遭受各种各样、意想不到的挫折、失败和痛苦。当一个人预料将会有某种不良后果产生或受到威胁时，就会产生这种不愉快情绪，并为此紧张不安、忧虑、烦恼、担心、恐惧，程度从轻微的忧虑一直到惊慌失措。

恐惧，就是常常预感着某种不祥之事的来临。这种不祥的预感会笼罩着一个人的生命，像云雾笼罩着爆发之前的火山一样。

世界上没有永远的成功者，也没有永远的失败者。有人畏缩，得到的也会失去；有人勇敢，失去的也会重新得到。只要不断尝试、不断磨砺，我们就一定能战胜恐惧，获得积极正面的情绪。只要告别恐惧，勇敢地朝前走，别人能做到的我们也能做到。畏惧是人生路上一道深深的壕沟，跨过去你就拥有了出路和希望。

不轻易给自己下判决书

也许你遇到过这样的情况，当领导分配给你一项超出你能力的工作时，就会感到害怕，害怕不能如期完成，害怕不能达到领导的要求，害怕耽误自己的业绩。有了这些恐惧之后，你就会觉得困难重重，无论如何也不可能漂亮地完成老板分配的工作。此时，你所遇到的困难已经远远超过做事情本身，恐惧给你的工作和情绪产生了不良的影响。

这种恐惧人人都有，许多年轻人也不例外。有些人对一切都怀着恐惧之心：他们怕风，怕受寒；他们吃东西时怕中毒；经营商业时怕赔钱；他们怕人言，怕舆论；他们怕困苦时刻的到来，怕贫穷，怕失败，怕收获不佳；怕雷电，怕暴风……他们的生命中，充满了恐惧。

恐惧能摧残人的创造精神，能使人的精神机能趋于衰弱。一旦心怀恐惧的心理、不祥的预感，则做什么事都会出现困难，也不可能有效率。恐惧代表着、指示着人的无能与胆怯。这个恶魔，从古至今都是人类最可怕的敌人，是人类文明事业的破坏者。

当整个心态和思想随着恐惧的心情而起伏不定时，干任何事情都不可能达成所愿。在实际生活中，真正的困难其实并没有我们想象中的那么大。如果我们能以一颗积极的心对待，那些使得我们未老先衰、愁眉苦脸的事情，那些使得我们步履沉重、面无喜色的事情，就能克服了。

恐惧是人类最大的敌人。不安、忧虑、嫉妒、愤怒、胆怯等，都是恐惧的一种表现。恐惧剥夺了人的幸福与能力，使人变为懦夫；恐惧使人失败，使人流于卑贱。因此，克服恐惧，已成为每个人都要面对的重大问题。

恐惧纯粹是一种心理想象，是一个幻想中的怪物，一旦我们认识到这一点，我们的恐惧感就会消失。如果我们的见识广博到足以明了没有任何臆想的东西能伤害到我们，那我们就不会再感到恐惧了。

勇敢的思想和坚定的信心是治疗恐惧的良药，它能够中和恐惧思想，如同化学家通过在酸溶液里加一点碱，就可以破坏酸的腐蚀性一样。当人们恐惧不安时，当忧虑正消耗着我们的活力和精力时，人们是不可能获得最佳效率的，也不可能事半功倍地将事情办好。

恐惧虽然阻碍着人们力量的发挥，给人们做事情带来一定的困难，但它并非是不可战胜的。只要人们能够积极地行动起来，在行动中有意识地纠正自己的恐惧心理，就会减少人们做事情的畏难情绪，那它就不会再成为人们的威胁了。

那么，怎样排除恐惧呢？

首先，你要进行自我激励，不断地在内心里对自己说："没什么可恐惧的，我一定可以把事情做好。"自我激励就是鼓舞自己做出抉择并且行动起来。自我激励能够提供内在动力，例如，本能、热情、情绪、习惯、态度或想法等，能够使人行动起来。

其次，行动起来，用事实克服恐惧。很多事情没有做的时候，常常会感到恐惧。恐惧给我们带来了很大的困难，但是一旦做起来，就不会恐惧了。特别是事情做成功了，就可以克服恐惧，树立起信心。

最后，把事情的最坏结果想象出来，如果最坏的结果你能够承受，那么就没有必要恐惧了。

我们要认识到自己现在对生活的恐惧是早期没有树立信心造

成的，这种恐惧不克服就会使自己做事情时产生更多的畏难情绪，严重影响到今后的发展，在恐惧所控制的地方，不可能达成任何有价值的成就。所以，一个做事有"手腕"的人要想成功，就要改变自己，克服恐惧，肯定自己，将畏难情绪紧锁起来。

遭遇羞涩的情绪屏障

古代说女子之美，多是赞叹她"犹抱琵琶半遮面"的羞涩之态，"女人含而不露，谓之羞"即是一种美，现代人也欣赏女人未见开口先绯红满面的羞态。但是凡事都有度，如果见到任何人、遇到任何事，羞涩情绪都会随时产生，那就不好了。因此，我们一定要从此时开始，鼓起勇气与羞涩说再见。

这种情绪不定、惶恐的现象是人成长过程中正常的焦虑情绪，但如果这种焦虑持久而严重地干扰了人的正常生活，则成为一种情绪病态——社交焦虑症。

精神病学家戴维德·西汉教授把害羞的原因归结为大脑中负责负面情绪的区域对陌生情况的反应过度，他说："害羞的症结在于怕别人对自己的印象不好而招致羞辱。"不过，新的研究表明，容易害羞的人的大脑皮层，对外界刺激的反应，都比外向的人更加敏感。

在美国40%的成年人有羞涩情绪，在日本60%的人认为自己经常害羞，在我们国家则几乎所有的人都有羞涩的时候，连宋代大诗人苏轼也曾有过"归来羞涩对妻子"的尴尬场面。心理学家认为，羞涩情绪并不都是消极的，适度的羞涩情绪是维护人们自尊的重要条件。

现代社会，交际能力愈来愈重要，但相当一部分人会产生不同程度的羞涩情绪，从而给交际带来了障碍。成年人的害羞比例比未成年人要小，但这并不是说随着年龄的增长，羞涩感会自动消失，必须采取一些克服它的办法才行。

从心理学的角度看，羞涩起因于许多事情，但无论是先天的还是后天的，都可以通过一些行为技巧去克服。

（1）做一些克服羞涩的运动。例如：将两脚平稳地站立，然后轻轻地把脚跟提起，坚持几秒钟后放下，每次反复做 30 下，每天这样做两三次，可以消除情绪不定的感觉。

（2）害羞使人呼吸急促，因此，要强迫自己做数次深长而有节奏的呼吸，这可以使一个人的紧张心情得以缓解，为建立自信心打下基础。

（3）改变你的身体语言。最简单的改变方法就是 SOFTEN——柔和身体语言，它往往能收到立竿见影的效果。所谓 "SOFTEN"，S 代表微笑，O 代表开放的姿势，即腿和手臂不要紧抱，F 表示身体稍向前倾，T 表示身体友好地与别人接触，如握手等，E 表示眼睛和别人正面对视，N 表示点头，显示你在倾听并理解别人所说的话。

（4）主动把你的不安告诉别人。诉说是一种释放，能让你心理上舒服一些，如果同时能获得他人的劝慰和帮助，你的信心和勇气也会随之大增。

（5）循序渐进，一步步改变。专家告诉我们，克服害羞是一项工程，也是一场我们一定能够打赢的战斗，每一个胜利都是真实可见的，只要我们去做。

（6）学会调侃。你首先得培养乐观、开朗的性格，注重语言技术训练和口头表达能力，还要去关注社会、洞察人生，做生活的有心人。"调侃" 对于害羞的人而言，是一味效果很不错的药剂。

服了它，你的一句话，可能就会让生活充满情趣，让你自己也充满自信。

（7）讲究谈话的技巧。在连续讲话中，你不要担忧中间会有停顿，因为停顿一会儿是谈话中的正常现象。在谈话中，当你感觉脸红时，不要试图用某种动作掩饰它，这样反而会使你的脸更红，进一步增加你的羞涩心理。羞涩并不等于失败，这只是由于精神紧张，并非是你不能应付社交活动。

（8）学会克制自己的忧虑情绪，凡事尽可能往好的方面想，多看积极的一面。

羞涩是人际交往中的一道障碍，让我们从羞涩中走出来，抛开羞涩情绪，我们将能更好地享受生活的欢娱。

羞涩是一种难以描绘的情绪屏障，是人人都能触及的精神茧壳，而人往往又在这种心理的网罗下，作茧自缚。要想破茧成蝶，就要挣脱束缚，勇敢地面对生活。

依赖心理过于严重

每个人对别人都有一种依赖性，在家依赖父母、依赖爱人，在外依赖朋友、依赖同事。然而，生活中最大的危险就是依赖他人来保障自己。每个人都有自己的生活，不可能成为我们一辈子的拐杖，当我们从别人身上得不到依赖时，依赖心理就会更加强烈，逐步升级为恐惧情绪。

但是，如果我们能克服自己的依赖心理，独立地完成属于自己的事情，畏难情绪也就不会来打扰我们的心灵。

有一位明智的父亲从小就注意对儿子独立性格的培养。一次，他赶着马车带儿子出去游玩，在一个拐弯处，因为马车速度很快，猛地把儿子甩了出去。当马车停住时，儿子以为父亲会下来把他扶起来，但父亲却坐在车上悠闲地掏出烟吸起来。

儿子叫道："爸爸，快来扶我。"

"你摔疼了吗？"

"是的。"

"那也要坚持站起来，重新爬上马车。"

儿子挣扎着自己站了起来，摇摇晃晃地走近马车，艰难地爬了上去。

父亲摇动着鞭子问："你知道为什么让你这么做吗？"

儿子摇了摇头。

父亲接着说："人生就是这样，跌倒、爬起来、奔跑；再跌倒、再爬起来、再奔跑。在任何时候都要全靠自己，没人会去扶你的。"

诚然，比起依赖别人，少了拐杖的确累得多，但是，与其现在因依赖而产生对未来的恐惧，不如靠自己的独立奋斗点亮未来，消除恐惧。别期待着依靠拐杖，拐杖永远也只能是外力，短时间内，你可以依赖它省时省力，但从长久看来，拐杖反而是潜伏的危机。拐杖使你养成了依赖心理，培养了你的惰性，当有一天拐杖不在时，也许你已经不具备奔跑的能力了。要想奔跑，拐杖绝不是支撑你的力量。

自立自强是指只靠自己的能力行动和生活。不论碰到什么问题，要自己动脑筋思考，要用自己的力量去克服困难；自强是依靠自己的努力，立足于社会。自强自立是现代社会人所必备的素质，不能自强自立的人，必然被激烈竞争的社会所淘汰。

任何期望靠他人施舍而生活的想法都是可耻的，世上最不可靠的就是他人的施与，因为施与者可随时收回他们的财物、关爱，而自立的人生才会更亮丽。

想要摆脱畏难情绪，就要做到一点：凡是能自己做的，就不要依赖别人，把依赖别人、不思进取、不努力看做是没有出息的表现，是不光彩的行为，将通过自己的努力创造的美好生活和成功事业看做是一种莫大的荣耀。

黄昏时刻，有一个人在森林中迷了路。天色渐渐地暗了，眼看黑幕即将笼罩，黑暗的恐惧和危险一步步移近。

突然，眼前出现一个人，他不禁欢喜雀跃，上前叫住了那个陌生人，并探询出去的路途。这个陌生人很友善地答应帮助他。走呀走！他发现这位陌生人和他一样迷了路。于是他失望地离开了这位迷途的陌生伙伴，再一次回到自己的路线上来。

不久，他又碰上了第二个陌生的人，那人肯定地说他拥有走出森林精确的地图，他再次跟随这个新的向导，终于发现这是一个自欺欺人的人，他的地图并不能指引他们走出森林。

于是他陷入深沉的绝望之中，他曾经竭力问他们有关走出森林的知识，但他们的眼神后面隐藏着忧虑和不安，他知道：他们和他一样的迷茫。他漫无目的地走着，一路的惊慌和失误，使他彷徨、失落而恐惧。无意间，当他把手插入口袋时，摸到了一张正确的地图。

这时他若有所悟地笑了：原来它始终就在这里，只要往自己身上寻找就行了。从前他只是忙着询问别人，反而忽略了最重要的事——回到自己身上找。

许多人就像案例中的那个迷路的人一样，已经习惯于依赖别人，而忘记了向自己求助。实际上，最值得信赖的人除了自己还能有谁呢？父母会离我们而去，与朋友也不会有不散的筵席，对他们的依赖只能是暂时的而不能长久。学会依赖自己，才是摆脱困难的最好方法。

每个人都是可以自立的，然而真正能充分发展自己独立能力的人却很少。依赖他人，追随他人，按照他人的想法去做事，自然要比自己动脑筋轻松得多。但是若事事有人替我们想，替我们做，必定对我们事业的成功不利，更不利于我们的成长。要使我们的力量和才能获得发展，只能靠自己。一个能够抛弃凭借，放弃外援，主要依赖自己努力的人，才能得到真正的胜利。

要调适依赖心理，心理专家给出了如下几招：

1.有计划地纠正依赖心理

首先必须破除依赖别人的不良习惯。具体做法是：清查一下自己的行为中哪些是习惯性地依赖别人去做的，哪些是自做决定的。你可以每天做记录，记满一个星期，然后将这些事件分为自主意识强、中等、较差三等，每周一小结。另外，对自主意识强的事件，应坚持自己做主。

2.丰富自己的生活内容

当生活丰富了，我们就有更多的机会去面对问题，能够独立地拿主意、想办法，增强自己的信心。

3.多向他人学习

多与独立性较强的人交往，观察他们是如何独立处理自己的一些问题的。周围良好的榜样可以激发我们的独立意识，改掉依赖这一不良习惯。

依照上述方法，就能行之有效地摆脱对未知的恐惧，放弃依赖别人的念头，决心自强自立。你将惊奇地发现，原来你在许多方面都毫不逊色于你当初崇拜的偶像们，而且你也可能实现你梦想不到的奇迹。

勇敢去做让你害怕的事

每个人的内心都或多或少存在着害怕或者恐惧，害怕和恐惧会阻碍个人在生活和事业上取得的成功。

害怕具有强大的破坏力，它深藏在你的潜意识当中影响你、束缚你，让你消极地去看待世界。害怕的本质其实是一种内心的恐惧，由于担心被拒绝、被伤害，你的行为就被阻止。而恐惧和自我肯定处于对立的位置，就像跷跷板一样。害怕程度越高，自我肯定程度就愈低。采取行动去提升自我肯定程度，或许就会降低让你裹足不前的恐惧。采取行动去降低你的恐惧，或许就会更加自信，从而获得成功。

要摒除害怕的情绪，就要不断鼓励自己要勇敢行动。举例来说，假如你害怕拜访陌生人，克服害怕的方式就是不断面对它直到这种害怕消失为止。这就叫作"系统化地解除敏感"，是建立信心与勇气最好、最有效的方法。就如同美国散文作家、思想家、诗人拉尔夫·瓦尔多·爱默生所说："只要你勇敢去做让你害怕的事情，害怕终将灭亡。"

一位推销员因为经常被客户拒之门外，慢慢患上了"敲门恐惧症"。但是推销是他的工作，他不得不勇敢地去敲门，可是每次看到大门，他的手就颤抖。

迫不得已，他去请教一位推销大师，推销大师在弄清楚他恐惧的原因后，就问他："现在假如你正想拜访某位客户，你已经来到客户家门前了，我先向你提几个问题。"

"好的。"推销员答道。

"请问你现在站在何处？"

"客户家门前。"

"那么你想做什么？"

"进入客户家里，和客户交流。"

"如果你进入客户家里了，出现的最坏情况会是什么呢？"

"被客户拒绝，然后赶出来。"

"赶出来之后呢，你又会站在哪里？"

"又站在了客户的门外。"

在一问一答中，推销员惊喜地发现，原来敲门并不是他想象的那么可怕。在那之后，每当他来到客户门口，他就不再害怕了。他告诉自己，就当作自己的尝试了，如果不成功的话，还可以累积经验。反正最坏的结果就是回到原点，也没什么损失。

最终，这位推销员战胜了"敲门恐惧症"，而且由于其突出的推销成绩，他被评为全行业的"优秀推销员"。

不仅在销售领域，在生活中的任何场合、对于任何事情，害怕的唯一原因就是像案例中的推销员最初的心理一样：担心被拒绝。由于对被拒绝的恐惧，心里就会产生很大的压力，会极不愿意去做某件事，这时别停滞不前，勇敢地敲开面前的那扇门。

勇气往往能给人带来意外的机会，无论是处在逆境或者顺境，勇气都能给你带去力量和指引。在面对各种挑战时，也许失败并不是因为自己智力低下，不是因为缺乏全局观念，也不是因为思维逻辑的问题，而仅仅是因为把困难看得太清楚、分析得太透彻、考虑得太详尽，才会被困难吓倒，举步维艰，因而缺乏勇往直前的力量。

一个人缺乏勇气，就容易陷入不安、胆怯、忧虑、嫉妒、愤怒情绪的漩涡中，结果事事不顺。其实，恐惧无非是自己吓唬自己。世界上并没有什么真正让人恐惧的事情，恐惧只是人们心中的一种无形障碍罢了。摆脱害怕的心态，勇气是最好的解药。

勇气可以给人很多前进和成功的动力，也能帮助人冷静和自省。《勇气的力量》一书的作者认为，"勇气需要培植和坚守，真正的勇气是能够让心灵始终与正义通行"。也唯有如此，我们才能保持生命的力量，勇敢迈向未来。

第三章　无法承受的心灵伤痛——悲伤爆发

沉浸在失去的痛苦中不能自拔

许多人都有过丢失某种重要或心爱之物的经历，如，不小心丢失了刚发的工资，最喜爱的自行车被盗了，相处了好几年的恋人分手而去，等等。这些大多会在我们的心理上投下阴影，情绪一直处于低落中，甚至因此而备受折磨。究其原因，就是我们没有调整好心态面对失去，没有从情绪上承认失去，只沉湎于已不存在的过去，而没有想到去创造新的未来。人们安慰丢东西的人时常会说："旧的不去，新的不来。"其实事实正是如此，与其为失去的自行车懊悔，不如考虑怎样才能再买一辆新的；与其为恋人的离开而痛不欲生，不如振作起来，重新开始，去赢得新的爱情。

日本有个70岁的老先生，拿了一幅祖传的画到电视台上节目，要求"开运鉴定团"的专家鉴定。他说，他的父亲说这是价值数百万日元的宝物，他总是战战兢兢地保护着，由于自己不懂艺术，想请专家鉴定画的价值。

结果揭晓，专家认为它是赝品，连一万日元都不值。主持人问老先生："您一定很难过吧？"来自乡下的老先生脸上的线条却在短时间内变得无比柔软，他憨厚地微笑道："啊！这样也好，不会有人来偷，我可以安心地把它挂在客厅里了。"

老先生的自我解嘲令人感慨：失去竟然可以比拥有轻松。其实，失去并不可怕，可怕的是我们内心的希望和快乐也因此而失去。面对生活，我们完全可以剔除棱角，不要沉浸在悲伤的痛苦中。

失去的时候许多人通常会难过不已，往往越是这样越是关上了通向未来的门，打开的只是那扇能够看到过去的窗户，所以，我们看到的不是未来的美好，而是过去的伤痛。

人生在世，有得有失，有盈有亏。有人说得好，你得到了名人的声誉或高高在上的权力，同时就失去了做普通人的自由；你得到了巨额财产，同时就失去了淡泊清贫的欢愉；你得到了事业成功的满足，同时也失去了守护家人的快乐。我们每个人如果认真地思考一下自己的得与失，就会发现，在得到的过程中也确实失去了某些东西。整个人生就是一个不断地得而复失的过程。在这个过程中，你会失去许多，但是，你同样也会收获很多。

有一位住在深山里的农民，一天，从外地来的商贩那里意外地获得了一粒粒不起眼的种子。据商贩讲，这不是一般的种子，而是一种叫作"苹果"的水果的种子，只要将其种在土壤里，两年以后，就能长成一棵棵苹果树，结出数不清的果实，拿到集市上，可以卖好多钱。

欣喜之余，农民急忙将苹果种子小心收好，但脑海里随即涌现出一个问题：既然苹果这么值钱、这么好，会不会被别人偷走呢？于是，他特意选择了一块荒僻的山野来种植这种颇为珍贵的果树。

经过近两年的辛苦耕作，浇水施肥，小小的种子终于长成了一棵棵苗壮的果树，并且结出了累累硕果。

这位农民看在眼里，喜在心中。嗯！因为缺乏种子的缘故，果树的数量还比较少，但结出的果实也肯定可以让自己过上好一点儿的生活。

可是，这位农民并未能如愿。那一片红灿灿的果实，竟然被山里的飞鸟和野兽们吃了个精光，只剩下满地的果核。想到这两年的辛苦劳作和热切期望，他不禁伤心欲绝，大哭起来。他的财富梦就这样破灭了。在随后的岁月里，他的生活仍然艰苦，只能苦苦支撑下去，一天一天地熬日子。

几年后，当他偶然来到那片种了果树的山野，却发现他面前出现了一大片茂盛的苹果林，树上结满了累累硕果。

原来，这一大片苹果林都是他自己种的。几年前，当那些飞鸟和野兽在吃完苹果后，就将果核吐在了旁边，经过几年的时光，果核里的种子慢慢发芽生长，终于长成了一片更加茂盛的苹果林。

农民意外失去少量苹果，几年后却换来一大片苹果林。有时候，失去是另一种获得。生活中，一扇门如果关上了，必定有另一扇窗为你打开。你失去了一种东西，必然会在其他地方收获另一种东西。关键是要有乐观的心态，正确对待你的失去。

每个人都曾失去过，有的人总是向别人反复表明他失去的东西有多么好、有多么珍贵。有些人却有不同的表现，比如，他们在失去了原有的工作之后，不是一味地伤感，而是主动寻找新的工作。他们相信，失去并不意味着失败，失去后还可以重新拥有。

在失去不可避免的时候，你需要做的不是空怀惆怅，让自己陷入悲伤的情绪中，而是多思考一下，从失去中获取所得，从悲伤、痛苦的消极情绪中走出来。

内心世界没有阳光

"我之所以高兴，是因为我心中的明灯没有熄灭。道路虽然艰难，但我却不停地去求索我生命中细小的快乐。如果门太矮、我会弯下腰；如果我可以挪开前进路上的绊脚石，我就会去动手挪开；如果道路太泥泞，我可以换条路走。我在每天的生活中都可以找到高兴事儿。信仰使我能够以一种快乐的心态面对事物。"歌德夫人如是说。

许多人内心世界没有阳光，以致陷入悲伤情绪，不能自拔。一样的事情，可以选择不同的态度来对待。内心充满阳光，并作出积极努力，就一定会看到前方的风景。

心中有乐者，人生字典里就没有"悲观"二字。

有两个见解不同的人在争论三个问题。

第一个问题——希望是什么？悲观者说：是地平线，就算看得到，也永远走不到。乐观者说：是启明星，能告诉我们曙光就在前边。

第二个问题——风是什么？悲观者说：是浪的帮凶，能把你埋葬在大海深处。乐观者说：是帆的伙伴，能把你送到胜利的彼岸。

第三个问题——生命是不是花？悲观者说：是又怎样，开败了也就没了！乐观者说：不，它能留下甘甜的果实。

突然，天上传来了上帝的声音，也问了三个问题：

第一个：一直向前走，会怎样？悲观者说：会碰到坑坑洼洼。乐观者说：会看到柳暗花明。

第二个：春雨好不好？悲观者说：不好！野草会因此长得更疯！乐观者说：好，百花会因此开得更艳！

第三个：如果给你一片荒山，你会怎样？悲观者说：修一座坟茔！乐观者反驳：不！种满山绿树！

于是上帝给了他们两样礼物：给了乐观者成功，给了悲观者失败。

上述是一个两种见解的典型范例。悲观者和乐观者在面对同一个问题时，会有不同的看法。同样是人，会有截然不同的人生态度，不同的人生态度会看到截然不同的人生风景，不同的世界观会导致截然不同的人生结局。

心里装着哀愁，眼里看到的就全是黑暗。抛弃已经发生的令人不愉快的事情或经历，才会迎来新心情下的新乐趣。

在曲折的人生旅途上，如果我们需要承受所有的挫折和颠簸，就要学会化解与消释所有的困难与不幸，这样我们才能够活得更加长久，我们的人生之旅才会更加顺畅、更加开阔。

找一件自己喜欢的事情，全身心投入地去做，本身就是一种快乐的享受。这种快乐，要比花费钱财到游乐场寻找乐趣要划算得多。快乐本来不需要刻意为之，为快乐而快乐，抓住生活中的每一个小惊喜，尽情发挥，你会发现，这种"碰巧为之"的乐趣是任何娱乐形式都无法比拟的。

感觉挫折像暴雨一样袭来

如果一个人在 46 岁的时候，因意外事故被烧得不成人形，4 年后又在一次坠机事故后腰部以下全部瘫痪，他会怎么办？你能想象他后来变成百万富翁、受人爱戴的公共演说家、洋洋得意的新郎及成功的企业家吗？你能想象他去泛舟、玩跳伞，在政坛角逐一席之地吗？

米契尔全做到了，甚至有过之而无不及。在经历了两次可怕的意外事故后，他的脸因植皮而变成一块"彩色板"，手指没有了，双腿细小，无法行动，只能瘫痪在轮椅上。

意外事故把他身上 65% 以上的皮肤都烧坏了，为此他动了 16

次手术。手术后，他无法拿起叉子，无法拨电话，也无法一个人上厕所，但以前曾是海军陆战队员的米契尔从不认为自己被打败了。他说："我完全可以掌握自己的人生之船，我可以选择把目前的状况看成倒退或是一个起点。"6个月之后，他又能开飞机了。

米契尔为自己在科罗拉多州买了一幢维多利亚式的房子，另外也买了一架飞机及一家酒吧。后来他和两个朋友合资开了一家公司，专门生产以木材为燃料的炉子，这家公司后来变成佛蒙特州排行第二的私人公司。坠机意外发生4年后，米契尔所开的飞机在起飞时摔回跑道，把他胸部的12块脊椎骨压得粉碎，腰部以下永远瘫痪。"我不解的是为何这些事老是发生在我身上，我到底做了什么错事？要遭到这样的报应？"

米契尔仍不屈不挠，日夜努力使自己能达到最高限度的独立，他被选为科罗拉多州孤峰顶镇的镇长。后来竞选国会议员时，他用一句"不只是另一张小白脸"的口号，将自己难看的脸转化成一项有利的资产。尽管面貌骇人、行动不便，米契尔却坠入爱河，且完成了终身大事，也拿到了公共行政硕士学位，并持续着他的飞行活动、环保运动及公共演说。

米契尔说："我瘫痪之前可以做10000件事，现在我只能做9000件，我可以把注意力放在我无法再做好的1000件事上，或是把目光放在我还能做的9000件事上。如果你不把挫折拿来当成放弃努力的借口，那么，或许你可以用一个新的角度来看待一些一直让你裹足不前的经历。你可以退一步，想开一点，然后你就有机会说：'或许那也没什么大不了的。'"

挫折是弱者的绊脚石，却是强者成功的基石。弱者因挫折产生消极悲观的情绪，强者却从中激发积极乐观的情绪。要想成功，就必须做生命的强者，做情绪的主人。

莎士比亚说："与其责难机遇，不如责难自己。"这就是人生的基本课程。我们只要仔细回顾一下生活中坏运变为好运的大量实例，就会发现挫折和厄运仅仅是强者成功的起点罢了。

我们的一生犹如处在变幻不定的大海上，前一秒可能还是风平浪静，下一刻就可能惊涛骇浪。挫折就如同惊涛骇浪，只是暂时的风景，大海最后还会归于平静。所以在这大海上航行时，尽量做到情绪稳定，只有这样你才能战胜挫折，到达成功的彼岸。

人生的光荣，不在于永不失败，而在于越战越勇。有智能的人往往能从失败的经验中获得成功，所以失败常常是人生的一种宝贵财富。

挫折让我们更能体会到成功的喜悦，没有挫折的人生是不完整的。

认为难以找到理解自己的人

有些人感到悲伤的原因在于，茫茫人海中找不到可以理解自己的人。一个人的过错，常常不是他一个人所造成的，如果我们试着对他人多一些谅解，将温暖传递给他，就能将他从负面情绪的泥沼中拖拽出来。

但是，有的时候我们却找不到真正理解自己的人，仿佛高山流水觅知音的故事只是一个传说。想到这些，悲伤的情绪就难以抑制地喷涌而出，无法控制。但是，我们要明白，世界上没有两个一模一样的灵魂，也就没有人能真正做到百分之百地理解我们，大可不必因此而悲伤。

有个上海女孩小王嫁给了湖南小伙子小丁，两人感情非常好，但总是因吃菜问题闹矛盾。小王做菜要放糖，因为上海人爱吃甜食；小丁做菜喜欢放辣椒，因为湖南人嗜辣如命。吵来吵去，婚姻出现裂痕，最终导致离异。

第二年，另一个白马王子被小王相中。婚后小王犯难了：这第二任丈夫小马，祖籍四川，也是个"吃辣大王"。第一次的失败婚姻记忆犹新，经过深思熟虑，小王终于想出一招妙计。婚后第一餐饭，她就抢着买菜烧菜，每样菜里都放了辣椒，四川丈夫小马吃得津津有味。可是，小马偶尔一看妻子，只见她被辣得满头大汗，惊问："你既然不爱吃辣椒，菜里面放这么多辣椒干啥？"小王听罢，心中甜丝丝的，笑道："因为你爱吃辣椒啊！"小马非常感动。

第二天，小马抢着买菜做菜，他在每样菜里都加了糖，小王一吃，挺对胃口的，就问丈夫："你不爱吃甜的，为什么每样菜都放糖呢？"小马笑了："因为你喜欢吃啊！"小王听了，泪水便止不住地流了下来。她暗想，要是当年和小丁在一起生活时也能像如今这样"换位思考"，也不至于和小丁分道扬镳！

两个人走在一起，组建成一个家庭，虽然文化和性格都可能存在一定的差异，但是只要相互间多一分理解，控制好自己的情绪，我们就会有一个幸福的家。

其实，很多时候我们找不到了解自己的人，是因为我们自己也没有试着去换位理解别人。正如感情是需要互动的，情绪也是要互动的。只要一方理解另一方是不太可能赢得尊重的。

理解，是人生路上未语先香的"瑰丽宝贝"，总是那么温馨、那么暖人。理解对方，就需要我们进行换位思考。因为不了解对方的立场、感受及想法，我们就无法正确地思考与回应，沟通便被阻断。

真正的换位思考必然是一个"移情"的过程，要从内心深处站到他人的立场上去，要像感受自己一样去感受他人的思想和情绪。但不幸的是，许多人的换位思考却缺少了"移情"这个根本要素。他们或是站在自己的位置上去"猜想"别人的想法及感受，或是站在"一般人"的立场上去想别人"应该"有什么想法和情绪，或是想当然地假设一种别人所谓的情绪。这样的换位思考，其实仍然局限于自己设定的小圈子之中，绝对无法体验他人真正的想法和情绪。当我们不肯去理解他人时，他人也不会花精力理解我们，这种彼此之间的冷漠自然会酿成悲伤的情绪。

　　人们常说，良好的沟通是心与心的沟通，也就是情绪与情绪的沟通。生活中那些"善解人意"的人往往受到大家的喜爱和尊敬，原因就是他们能够做到移情换位，用别人的眼光来想问题、看世界，以别人的心情来品尝生活，以别人的情绪来处理事情，这样便拉近了人与人之间的距离。我们也就不难找到理解自己的人了。

总为逝去的昨天流泪

　　曾为英国首相的劳合·乔治有一个习惯——随手关上身后的门。一天，有一个朋友来拜访他，两个人在院子里一边散步，一边交谈，他们每经过一扇门，乔治总是随手把门关上。

　　朋友很是纳闷，不解地问乔治："有必要把这些门都关上吗？"乔治微笑着回答："哦，当然有这个必要。我这一生都在关我身后的门，这是必须做的事。当你关门时，也就是把过去的一切留在了后面，不管是美好的成就，还是让人懊恼的失误，然后，你才可能重新开始。"

　　把过去的一切关在身后，也就是卸下情绪上的包袱，放弃曾经拥有的一切，这样才会更好地开始新的生活，然而这个问题却往往被我们所忽略。大多数人总是习惯于让过去的事情，挤占在脑海里不忍抛弃，结果情绪负载过重，浪费了精力，影响了事业的发展。所以，你应该试着学会经常把身后的门关上，把过去的一切留在身后。

关上身后的门，只是关掉过去各种情绪的门，并不是把你过去的经验和教训也关在身后，这些都是你人生的宝贵财富。你应把它们潜移默化地融化到自己的血液里，让其变成一种本能，成为一种习惯，这样更有利于你奔向成功。

每个人来到这个世界上，都希望自己将美好梦想尽可能多地变为绚丽现实。于是，在人生路上行进时，我们犹如天真的孩童，总是在瞪大好奇的眼睛期待珍宝的出现，并在行走中欣喜地将它拾起。人生经历的行囊，在不断地捡拾中变得越来越重，直到我们举步维艰。是断然放弃还是继续珍藏？这是我们每个人都不可避免遇到的难题，是每个想前行的人都要遇到的麻烦。

其实，关上这一扇门，也是一种伤感的美丽……

当情绪低落到极点，悲伤到极点，为何不去把行囊中的悲伤扔掉？也许曾经收入行囊时，它们对于我们来说是值得珍视的，给我们带来了无穷的欢快。但随着岁月的流转，随着光阴的飞逝，当它们的存在只会触痛我们的伤痕，它们的出现只能给我们留下黑夜辗转难眠时无声的泪水，为什么还要保存着它们？扔掉它们，打开尘封已久的行囊，把它们倾倒出来。也许，这会使我们痛苦，但是，扔掉之后，你会发现，心会如此灵动，情绪会如此积极。

忘不了苦难和不快

有人这样问："爱情没有了，回忆起来甜蜜多一点儿，还是痛

苦多一点儿？"我们常常会遇到这样的问题，很多人觉得失去当
然是痛苦大于甜蜜，想起分手时的那些伤害，心中就会隐隐作痛。
而有一个人却说："分手了，我记得最多的还是甜蜜，因为我忘记
了那个人和那些痛苦，留在记忆里的是有一份很美的爱情。"

　　的确，很多时候，我们有痛苦悲伤的情绪，主要还是因为我
们无法忘记。我们总是无法忘记那些伤痛和失意，那些记忆犹如
明镜一般被我们悬挂起来，每天都在看，每时都在想，这样我们
又怎能快乐呢？所以，在失意的时候，人应当学会忘记，忘记那
些不快，才能够真正快乐，才能开始新的生活。

　　生于尘世，每个人都不可避免地要经历凄风苦雨，面对艰难
困苦，乐观面对就是天堂，悲观失望就是地狱。而忘记就是一剂
良药，弥合你的伤口，使你怀着新的希望上路。

　　人的一生，就像一趟旅行，沿途中有数不尽的坎坷泥泞，但
也有看不完的春花秋月。如果我们的一颗心总是被灰暗的风尘所
覆盖，干涸了心泉、暗淡了目光、失去了生机、丧失了斗志，我
们的人生岂能美好？如果我们能保持一种健康向上的心态，即使
我们身处逆境、四面楚歌，也一定会有"山重水复疑无路，柳暗
花明又一村"的那一天。

　　悲观失望者的呻吟与哀叹虽然能得到短暂的同情与怜悯，但
最终的结果必然是别人的鄙夷与厌烦；而乐观上进的人，经过长
期的忍耐与奋斗，最终赢得的将不仅仅是鲜花与掌声，还有饱含
敬意的目光。

　　很多人在失意的时候学会了用负面情绪武装自己，甚至陷入
悲伤的深渊，难以自拔。忘不掉别人给予的伤痛，莫过于拿别人
的错误来惩罚自己。就如失恋，不是因为你自己不够优秀，也不
是因为你自己倒霉，而是你在错误的时间遇到了不适合的人，分

开很正常，因为你需要腾出时间和位置留给那个适合的人。但是自从你沉沦悲伤的那一刻起，你的记忆里装满的都是曾经的伤痛，又怎能给新的那个人留出空间呢？所以，一个塞满了回忆的大脑，永远无法让新鲜的东西容进来。

在生活中，有很多的无奈要我们去面对，有很多的道路需要我们去选择。忘记一些原本不应该属于自己的，把握和珍惜真正属于自己的，去追寻前方更加美好的；忘记一些烦琐，为情绪减负，忘记那些怅惘，为了轻快地歌唱；忘记一段凄美，为了轻柔地梦想。忘记，是一种伤感，但更是一种美丽。

悲苦地面对生活

如果我们心情豁达、乐观，我们就能够看到生活中光明的一面，即使在漆黑的夜晚，我们也知道星星仍在闪烁。一个心理健康的人，思想高洁，行为正派，能自觉而坚决地摒弃病态的想法。我们既可以坚持错误、执迷不悟，也可以痛改前非，改过自新，这都取决于我们自己。这个世界是大家创造的，因此，它属于我们每个人，而真正拥有这个世界的人，是那些热爱生活、乐观向上的人。

乐观开朗的人的特点是把眼光盯在未来的希望上，把烦恼抛在脑后。培养乐观、豁达的性格，将会让你终生受益。

具有乐观、豁达性格的人，无论在什么时候，他们都感到光明、美丽和快乐的生活就在身边，他们眼睛里流露出来的光彩使整个世界都流光溢彩。在这种光彩之下，寒冷会变成温暖，痛苦会变成舒适。这种性格使智慧更加熠熠生辉，使美丽更加迷人灿烂。那种生性忧郁、悲观的人，永远看不到生活中的七彩阳光，春日的鲜花在他们的眼里也顿时失去了娇艳，黎明的鸟鸣变成了令人烦躁的噪音，无限美好的蓝天、五彩纷呈的大地都像灰色的布幔。在他们眼里，创造仅仅是令人厌倦的、没有生命和没有灵魂的苍茫空白。

乐观像一股永不枯竭的清泉，乐观像一首没有歌词的永无止境的欢歌。它使人的灵魂得以宁静，使人的精力得以恢复，使美德更加芬芳。人的精神、灵魂、美德都从这种愉悦的心情中得到滋润，尽管烦恼和不安总在时时吞噬着这种美好的心情，各种挫折和磨难会一点一滴地消耗它，但这如清泉甘露般的美丽心情永远不会枯竭。

要远离悲伤的情绪，保持乐观的心态，微笑着面对生活，还必须注意以下几条原则：

1. 要朝好的方向想

有时，人们变得焦躁不安是由于碰到自己所无法控制的局面。此时，你应承认现实，然后设法创造条件，使之向着有利的方向转化。此外，还可以把思路转到别的事上，诸如回忆一段令人愉快的往事。

2. 不要过于挑剔

大凡乐观的人往往是"憨厚"的人，而愁容满面的人，又总是心胸狭窄的人。他们看不惯社会上的一切，希望人世间的一切都符合自己的理想模式，这才感到顺心。挑剔的人常给自己戴上是非分明的桂冠，其实是在消极地干涉他人的人格。怨恨、挑剔、干涉是心理软弱、"老化"的表现。

3. 偶尔也要屈服

当你遇到重创时，往往变得浮躁、悲观。但是，浮躁、悲观是无济于事的。你不如冷静地承认发生的一切，放弃生活中已成为你负担的东西,放弃不能取得的活动希望,并重新设计新的生活。大丈夫能屈能伸,只要不是原则问题,不必过分固执。

4. 要意识到自己是幸福的

有些悲观的人,在烦恼袭来时,总觉得自己是天底下最不幸的人,谁都比自己强。其实,事情并不完全是这样,也许你在某方面是不幸的,但在其他方面依然是很幸运的。请记住这样一句话:"我在遇到没有双足的人之前,一直为自己没有鞋而感到不幸。"生活就是这样捉弄人,但又会给人以继续下去的希望,想到这些,你也许会感到轻松和愉快。

"哀莫大于心死",我们在生活中一定要远离这句话。我们要时刻怀着一颗乐观、充满希望的心。无论你心态怎样,生活总是在继续,它不会仅仅因为你的伤心和难过而改变。与其悲伤不已,不如学会享受生活,乐观地笑对生活。

第三篇

控制自己的情绪

　　情绪有积极、消极之分，但人们大多对情绪缺乏必要的了解和关注。积极情绪会激发人们的热情与希望，而消极情绪若不适时加以控制，则会引起严重的心理疾病，因而我们要合理地控制自己的情绪波动，发挥情绪的积极作用。

第一章 我们为何总是情绪化——情绪认知

接受并体察你的情绪

　　每个人的情绪都处于不断变动的状态中，有兴奋期就不可避免地有低潮期，掌管和控制情绪之前应该先去接受和体察它。情绪变化是有规律的，只有接受和体察，才能真正地顺应内心、帮助内心回归平和。

　　当然，不同的人处理情绪的态度不同，但是大家有一个普遍的共识：情绪不能压抑，压抑会导致各种心理障碍，也会导致某些疾病的产生。因而针对情绪化的人，心理学家建议他们对待情绪的基本态度就是承认和接受。

　　平时，方女士对同事和对身边的朋友都非常友好，从来不和别人发生冲突，大家都觉得她是一个脾气温和的人。在别人眼里，她温柔又和善。

　　但回到家里，她往往会因芝麻大小的事就对丈夫大发脾气，甚至会摔东西。丈夫对此也很无奈，非常不开心，觉得她很难让人接受。

　　面对自己阴晴不定的情绪，方女士非常痛苦。其实，丈夫对她很好，她也很爱丈夫，但她又害怕丈夫会因自己的情绪而离开她。有时候，她也非常受不了自己，可是当发脾气的时候她却无法预计和控制。很多次，她都告诉自己的父母和丈夫，但他们都说是她自己没有克制能力。对于他们对自己的不理解，方女士很苦恼，于是，她尝试去看心理医生。

心理医生分析了方女士的情况，又咨询了一些关于她成长的事情，最后终于找到她情绪化背后的根源：由于孩提时父母离异，方女士非常敏感但又异常依赖身边的亲人，脾气暴躁。医生为她提出一些改变情绪化的建议，并告诉她要悦纳自己的情绪，才会便于改善情绪。

很多人的情绪化都产生于孩提时代。孩子总是被大人引导，使他们将自己最直接的情感与不愉快的事情相联系：孩子可能会因哭闹受到处罚，也可能因嬉闹而受到处罚。揭开情绪的面纱时，自己总是能找到导致情绪化的原因。不能公开地表达自己的情感，但起码可以承认它们的存在。要承认它们存在的最基本的一步就是允许自己体验情感，允许自己出现各种情绪并恰当表达它们。

体察情绪的第一步，就是要正视它。情绪不会凭空消失，存在就是存在，它不可能因为你的否定而消失。相反，一味地否定只能让情绪潜藏在意识里，可能会带来更坏的影响。每个人都有发泄情绪的权利，如果不敢承认情绪的存在，可能也就不敢发泄情绪，盲目压抑情绪对个人的身心发展非常不利。

其次，可以采取"情绪反刍"或是"寻根溯源"的方法来认识自己的情绪。要沿着自己的心灵发展轨迹，溯流而上，用当前情绪去联想更多的情绪状态，慢慢体味、细细咀嚼自己的各种情绪经历，并询问自己当时如果没有产生这种情绪会是一种怎样的情形。这样可以使人变得心平气和。

再次，学会养成体察自身情绪的习惯。也就是时时提醒自己注意："我现在有怎样的情绪？"例如，当自己因同事的一句话而生气，不给对方解释的机会，这时就问问自己："我为什么这么做？我现在有什么感觉？"如果察觉自己只对同事一句无关紧要的话就感到生气，就应该对生气做更好的处理。有许多人认为："人不应该有情绪"，因而不肯承认自己有负面的情绪。实际上，人都会有情绪，压抑情绪反而会带来不良的结果。

最后，缓解和调理自己的情绪。觉察自己情绪的变化，能更清楚地认识自己的情绪源头，也有助于理解和接受他人的错误，从而轻松地控制消极的情绪，培养积极的情绪。疏解和调理情绪，也需要适当地表达自己的情绪。

接受并体察你的情绪，不要拒绝，不要压抑，勇敢地面对自己的情绪变化。在情绪转好之时，抓住机会，投入到有意义的事情中去。

正确感知你所处的情绪

知觉与评估情绪的能力是心理学上两类最基本的情商，也是衡量一个人情商高低的最基本的要素。通常来说，低情商者对自己及他人的情绪感知能力弱，容易导致情绪失控；而高情商者对自身的情绪能够做理智的分析，其实对自身情绪的评估能力越强，越有利于问题的解决。但往往有很多人，对自身的情绪很难把握，对此，可以从心理状态加以分析。

著名心理学家约翰·蒂斯代尔提出的"交互性认知亚系统"理论是一种以正念为基础的认知治疗理论，该理论认为人一般有三种心理状态：无心/情绪状态、概念化/行动状态、正念体验/存在状态。

　　无心／情绪状态，指人们缺乏自我觉知、内在探索与反思，一味沉浸到情绪反应中的表现；概念化／行动状态，指人们不去体验当下，只是在头脑中充满着各种基于过去或未来的想法与评价；正念体验／存在状态，是最为有益的心理状态，它是指人们去直接感知当下的情绪、感觉、想法，并进行深入探索，同时对当下的主观体验采取非评价的觉知态度。

　　进入正念状态需要高度集中注意力去关注当下的一切，包括此时此刻我们的情感和体验，而不应当将自己陷入对过去的纠缠或是未来的困惑中，对现在的情绪有所评判和排斥。接受发生的一切，关注当下的感受，才能发挥"正念"的透视力，达到认知自我情绪，主动调适，从而反省当下行为进行调节以增加生活乐趣的目标。

　　那么，如何将心理状态调整为正念体验／存在状态，这需要我们平时就应该进行正念技能训练。根据莱恩汉博士的总结，正念技能训练包括"做什么技能"和"如何去做技能"两大类别技能训练。

　　第一，"做什么"的正念技能包括观察、描述和参与三种方式。

　　例如，当生气时，留意生气对身体形成的感觉，只是单纯去关注这种体验，这是观察，观察是最直接的情绪体验和感觉，不带任何描述或归类。它强调对内心情绪变化的出现与消失只是单纯去关注，而不要试图回应。

　　用语言把生气的感觉直接写出来即是描述，如"我感到胸闷气短""心里紧张、冲动"，这都是客观的描述，描述是对观察的回应，通过将自己所观察到或者体验到的东西用文字或语言形式表达出来，对观察结果的描述不能有任何情绪和思想的色彩，要真实、客观。

对当前愤怒的感受和事情不予回避，这是参与，参与是指全身心投入并体验自己的情绪。

在特定的时间内，通常只能用其中一种来分析自己的情绪，而不能同时进行，用这三种方式去感受自己的情绪，有助于留意自身情绪。

第二，"如何去做"的正念技能包括以非评判态度去做、一心一意去做、有效地去做。这些技能可以与观察、描述、参与三种"做什么"正念技能的其中某一项同时进行。

以非评判态度去做，应当关注正在发生的一切，关注事物的实际存在，而不需要进行评价。仍以愤怒为例，当生气的时候，"应该""必须""最好是"停止或继续发怒的想法都是有评判色彩的语气。对于愤怒应当去接受而不需要去评判。

一心一意去做，就是要集中精力去关注思考、担忧、焦虑等情绪。美国宾州大学心理学教授托马斯认为由于人总不能把握现在和关注此刻，容易产生焦虑和抑郁的情绪。基于此，托马斯发展了专治慢性焦虑症的心理疗法。"当你在焦虑时，你就专心焦虑吧。"他要求患者每天必须抽出30分钟时间在固定的地点去担忧自己平时担忧的事。在30分钟之内，患者必须全神贯注担忧，30分钟之后，则要停止担忧，并要警告自己："我每天有固定的时间担忧，现在不必再去担忧。"

有效去做，就是要让事情向好的方向发展，以有效原则衡量自己的情绪，可以避免感情用事，防止因为情绪失控而做出不恰当的事、说出不负责任的话。

我们通过每天的情绪变化去积极主动地调适自己的心理。可以在情绪激动时能及时察觉与反省自己的当下行为，学会控制自己的情绪，使自己在面对痛苦的时候心情有所缓解，恢复快乐。

只有学会"感受"自己的感受，方能让自己在处理负面情绪时游刃有余。

运用情绪辨析法则

知己知彼，方能百战不殆。在情绪的战场上，首先要了解自己的情绪，才能保持好情绪、战胜负面情绪。我们不自知的种种心理需求，乃至内心理念以及价值观，都可以通过自身不同的情绪反映出来。因此，要做到"知己"，首先要准确地做出自我情绪辨析，只有如此，才能够有的放矢地解决情绪问题，保持身心健康。

心理学家温迪·德莱登将所有情绪统分为两大类——正面情绪与负面情绪，又将负面情绪进一步细分为健康的负面情绪和不健康的负面情绪。

德莱登认为，健康的负面情绪是由合理的信念引发的。它促使人们正确地判断所处的负面情境改变的可能性，从而理智地做出适应或改变的行为。健康的负面情绪导致的结果是正面的，它引发思维主体进行现实的思考，最终解决问题，实现目标。

不健康的负面情绪是由不合理的信念引发的。它会阻碍人们对不可改变的环境做出判断以及对可以改变的环境进行建设性改变的尝试。不健康的负面情绪导致的歪曲思维会阻碍问题的解决，最终阻碍目标的实现。

大多数人可以准确地判断自己的情绪属于正面的情绪还是负面的情绪，但对很多人而言，如何才能判断当前的负面情绪是否健康是有一定困难的。以担心和焦虑这两种负面情绪为例，由德莱登的定义可知，在信念的来源上，担心源于合理的信念，这种情绪会导致行为主体正确地面对威胁的存在，并想办法寻求让自己安心的保障；而焦虑来源于不合理的信念，这种情绪会导致行为主体不愿意面对甚至逃避威胁的存在，从而寻求那些并不能使行为主体安心的保证。

每个健康的负面情绪，都有一个不健康的负面情绪与之相对应。类似的，德莱登还列举了悲伤、懊悔、失望、等情绪作为健康的负面情绪的典型代表，列举了抑郁、内疚、羞耻、受伤等情绪作为不健康的负面情绪的代表。而以上情绪都是两两对应的，如悲伤和抑郁，前者是健康的负面情绪，后者是与之相对应的不健康的负面情绪。

判断一种负面情绪是否健康，最本质的区别在于健康的负面情绪来源于合理的信念，而不健康的负面情绪来源于不合理的信念；同时也可以根据情绪强度来判断：大多数不健康的负面情绪都强于健康的负面情绪，如焦虑的最大强度大于担心的最大强度。

除此之外，健康的负面情绪和不健康的负面情绪，二者所导致的情绪主体的应对行为以及行为趋势也有显著差别，换言之，当人们出现情绪问题时，不仅有可能体会到两种不同的负面情绪，而且会由此导致完全不同的有建设性的或无建设性的行动，这种行动可以是真实的也可以是"意愿中"。

举例来说，抑郁的情绪会使人持续回避自己喜欢的活动，而悲伤的情绪会使人在哀伤过后继续参与自己喜爱的活动。同样的，内疚只会使人被动地祈求宽恕，而懊悔会使人主动地要求对方的宽恕。受伤使人被愠怒充斥头脑，忘记理智，而悲哀会使人更加果断地判断事物，理清头绪。羞耻会使人采取鸵鸟战术，以回避他人的凝视来逃避关注，而失望仍能使人正确对待与他人的目光接触，与外界保持联系。

不健康的愤怒会使人仪态尽失，出言不逊甚至诋毁他人，健康的愤怒会促使人果断处理眼前的麻烦，仅关注自己被不当对待的事实而不会迁怒于他人。不健康的嫉妒会使行为主体怀疑他人的优势，而健康的嫉妒会以开放的态度去学习他人的优点以提高自己。与之相似的，不健康的羡慕打击他人进步的积极性，而健康的羡慕会依此为动力鞭策自己获取类似的成功。

在我们经历情绪的变化时，不仅能够判断出自己所经历的是正面的情绪还是负面的情绪，而且能够准确地分辨出其中的负面情绪是否健康，并能分析出此情绪的来源以及可能导致的后果，我们就能真正达到"知己"的境界。

了解我们自身的情绪模式

心理学上有一个定义称为情绪模式，它是指在外界持续刺激的影响下，逐渐形成的固定的连锁情绪反应路径与行为结果。通俗地解释，即"每当……时（外界刺激），我的心情就会……（情绪反应），结果我就会……（产生行为结果）"。例如，每当有女同事穿了漂亮的新衣服，"我"就会认为自己的身材不好，穿同样的衣服肯定没有那样的效果，心情就会很低落，结果整天避免和穿新衣服的女同事正面接触。

情绪模式起因于人类大脑的应激功能和记忆功能。如果对于外界刺激的应对方式被持续使用，大脑和身体的网络系统就会发生作用，将这种应对机制模式化，生成固定的链接，从而形成情绪模式——面对相同事物时产生相同的情绪、思维和行动。

情绪模式有以下特点：

其一，情绪模式的形成源于相同的刺激源。每当遇到同样的情境，人们就会产生相似的情绪并导致相似的行为结果；

其二，情绪模式的形成是一个循序渐进的过程，经过多次相同的外界环境的刺激，情绪模式才会形成；

其三,情绪模式的反应速度极其迅速。它具有"第一时间反击"的特点，一旦形成后，再遇到外界相同的刺激源时就会以主体察觉不到的速度快速启动。

情商理论中有种现象叫作"情绪绑架"，是指已经形成的情绪模式阻碍了大脑的理智思考，强制启动应激行为作为对情绪的反应。这是因为情绪模式一旦形成就很难改变，这也是为什么常常会听到有人说"我不知道为什么当时那么伤心，以致做出那么傻的举动""我那时候就是忍不住对平时很尊敬的老师大吼大叫"的原因。由此可见，"情绪绑架"对情绪主体是弊大于利的。

人们一直致力于摆脱"情绪绑架"，而成功的关键就在于识别自身的情绪模式，找到病因，对症下药。但是情绪模式经过日积月累已经成为我们潜意识的一部分，行为主体很难站在客观的角度将其识别出来。可以根据以下几个步骤来有意识地察觉自己的情绪变化及其引起的连锁反应，以及最后自己采取的行动，从而识别出自己的情绪模式。

步骤一，记录情绪变化。有意识地关注自身情绪变化，包括变化的原因及变化引发的影响。察觉到这些之后要及时准确地加以记录。

步骤二，自我情绪反省。充分利用步骤一的成果——情绪变化记录表，观察自己历次情绪变化的诱因是否值得，情绪反应的行为是否得当。如果造成的是积极的结果，要告诉自己努力保持，如果造成的是消极的影响，要及时提醒自己消除不良情绪的滋长，将其扼杀在萌芽状态。例如，发现自己总是为衣着打扮等外在因素而嫉妒身边的女同事，从而与其疏远，那么经过反思之后遇事就要用包容的心态去思考，要让自己提高内在素养，摒弃对虚无外表的追求。一段时间过后，你会发现自己从前对身外之物斤斤计较的想法是多么可笑和不值得。

步骤三，倾诉不良情绪。"不识庐山真面目，只缘身在此山中。"由于情绪模式已经固化在我们的头脑和神经系统中，难以自我察觉，所以，我们可以求助于他人来捕捉自己的情绪变化。可以先与家人和好友沟通，请他们在自己情绪变化时及时告知。观察的方法可以通过日常沟通中的面部表情、肢体语言等流露出的潜意识来判断你的情绪变化，从而追踪到你情绪变化的诱因和由此导致的行为结果。你可以根据他人的意见来了解自己内心真实的想法。

步骤四，测试自身情绪。我们可以通过专业的情绪测试工具或咨询专家来发现自己的情绪模式。看似与情绪问题相距甚远的测试问卷或者专家的漫无边际的访谈，却可以借助科学的手段准确地了解你情绪模式的病症所在。

当然，以上四个步骤的最终目的是发现问题，解决问题。我们发现了自己的情绪模式之后就可以将其一一列出，并且在每天的日常生活中逐项加以克服，坚持这样一个循序渐进、由浅入深的过程，我们就可以达到摆脱"情绪绑架"的最终目的了。

情绪同样有规律可循

人的情绪如同眼睛一样，也有自己看不到的"盲点"，通过了解自己的情绪盲点，从而把握自身的情绪活动规律，可以最有效地调控自己的情绪。

情绪盲点的产生主要是由于以下 3 个方面的原因：

（1）不了解自己的情绪活动规律；

（2）不懂得控制自己的情绪变化；

（3）不善于体谅别人的情绪变化。

其中，能否把握自身的情绪规律是情绪盲点能否出现的根源。

认识到情绪盲点产生的原因，我们便需要从原因入手，从根源上把握自身的情绪规律。这就需要从以下几个方面加强锻炼以培养自己与之相应的能力：

1. 了解自己的情绪活动规律，培养预测情绪的敏锐能力

科学研究证明人都是有情绪周期的，每个人的情绪周期不尽相同，大概为28天，在这期间内，人的情绪成正弦曲线的模式：情绪由高到低，再由低到高。在人的一生之中循环往复，永不间断。

计算自己的情绪节律分为两步：先计算出自己的出生日到计算日的总天数（遇到闰年多加1天），再计算出计算日的情绪节律值。

用自己出生日到计算日的总天数除以情绪周期28，得出的余数就是你计算日的情绪值，余数是0、4和28，说明情绪正处于高潮和低潮的临界期；余数在0～14之间，情绪处于高潮期，余数是7时，情绪是最高点；余数在15～28之间，情绪处于低潮期，余数是21时，情绪是最低点。

由此可以看出，情绪有高低起伏，我们不要认为自己会永远处在情绪高潮期，也不要觉得自己会一直处于情绪低潮期，在情绪好的时候提醒自己注意下一阶段的低落，在情绪低落时告诉自己会慢慢好起来的。我们所吃的东西、健康水平和精力状况，以及一天中的不同时段、一年中的不同季节都会影响我们的情绪，许多人虽然重视了外在的变化对自身情绪的影响，但却忽视了自身的"生物节奏"，其实，通过尊重自己的情绪周期规律来安排自己的学习和生活，是很有必要的。

2. 学会控制自己的情绪变化，坦然接受自身情绪状况并加以改进

想要控制自己的情绪变化，首先要对自己之前的情绪经历做一个简单梳理，从之前的经验来寻找自身情绪的活动规律。同样的错误不能犯第二次，这正是掌握情绪活动规律后得到的经验。一个有敏锐感知能力的人能够在自己一次的情绪失控中回顾反思，总结、评估事情的前因后果，并最终达到提升自己情绪调控能力的目的，毕竟，情绪的偶尔失控和爆发是一种正常的现象，但倘若情绪失控成为常态，则不是一件好事。

想要控制自己的情绪变化，还需要对自己的情绪弱点做一个分析总结，去认识自己的情绪易爆点在哪里，情绪失控的事情可能会是什么，事先考虑好如果再次遇到同种情形所需要选择的应对方式。这样可以在事先做好准备，及时采取应对措施，防止情绪失控之后的被动解决所导致的追悔莫及。

3. 学会理解他人情绪和行为，同时反省自己

人际交往中，理解的力量是伟大的，但在通常情况下，虽然人们希望得到别人的理解，希望别人能够理解自己的情绪和行为，却往往忽视了理解别人。这就是为什么人的情绪出现盲点的外在原因。

理解他人的需求、情绪和感受等有助于增添交流的共同话题和认同感，有助于彼此之间形成和谐健康的人际关系。并且，通过对别人情绪的反观来看自己的情绪变化和体验，可以清晰地了解自己，从而把握自身的情绪节律和促进自身情绪状况的改进。

用默剧的方式获知他人情绪

卓别林表演的默剧电影想必大家都有所了解，虽然电影中人物没有说一句话，全部是用肢体动作代替，但人们仍然可以轻松地读懂剧中人物的喜怒哀乐和生活情况，这种别样的表演方式给人们的是特殊的享受，其实，我们在观看的时候，正是通过观察别人的表情和行为觉察到了剧中人物的情绪。

人的情绪智力（情商）是一个包含着多个层面、内容丰富的概念。心理学家戈尔曼博士通过大量的实验证明：情绪智力的五大构成要素包括情绪的自我觉察能力、情绪的自我调控能力、情绪的自我激励能力、对他人情绪的识别能力和处理人际关系的能力。其中，对他人情绪的识别能力作为一项重要的能力，是在情感的自我知觉基础上发展起来的。它通过捕捉他人的语言、语调、语气、表情、手势、姿势等可以快速地、设身处地地对他人的各种感受进行直觉判断，是一种重要的情绪感知力。

在生活中，我们也应该如同看默剧一般，尝试培养感受别人情绪的能力，一个情商很高的人可以敏锐地觉察到别人身体行为所透露的信息，通过觉察他人的情绪来对其心意进行合理解读。

这就如同我们做一个默剧游戏的过程：要求是尽量避免听到别人的声音，而只是通过观察别人的表情和行为来判断情绪。在默默无语的过程中，你需要掌握一些辨认表情的诀窍。脸部有几个部位是展现情绪的重要区域：嘴角、嘴型、眉毛、眼角、眼睛、额头。这些区域对于辨认某些情绪特别重要，比如从嘴巴的表情观察人的厌恶和喜悦情绪，从眉头和额头去辨别这个人悲伤或是恐惧的情绪，等等，肢体语言和所隐含的情绪之间往往存在着照应，如：

肢体语言	所隐含的情绪
脸红、紧闭双唇、交叉手臂或双腿、说话快速、姿势僵硬、握紧拳头等	生气
紧闭双唇、皱眉、斜眼看人，一边嘴角翘起、摇头、转动眼珠等	怀疑
交叉双臂或双腿、躲避眼神、呼吸加快、身体面对对方，沉默	敌意（防御性）
眼光游移、身体斜靠、胡乱涂鸦、身子往一旁倾斜以避开某人目光、打呵欠、玩弄纸笔	无聊
乱瞟、不断玩弄他物、流汗、突兀地笑，抖腿、姿势僵硬	紧张

当然，需要注意的是，肢体语言和情绪对照并不是绝对一致的，我们不能通过一个简单的肢体行为武断地判断一个人的情绪，要通过整体的动作行为来判断一个人的当前情绪。

识别他人的情绪是建立良好人际关系的基础，通过了解自己、了解他人，使人们相互理解，人与人和谐相处，这有助于建立良好的人际关系。但遗憾的是，生活中，绝大多数人都不善于去理解别人的情绪，只是能够注意到肢体或面部的大致表情，而不能够对眼神暗示、细微表情和下意识动作有所关注，除非这种情绪表现得特别明显或激烈。因此，在平时交流中，要想解读别人暗含的信息，不妨培养自己敏锐的情绪识别力和感知力。学会察言观色，方能在人际交往中如鱼得水。

第二章　探究我们的情绪发生——情绪动机

善于运用情绪的自动发生系统

我们的情绪一般都是自发的，也就是情绪反应受潜意识支配。我们每个人的身体里都有一套自动的评估体系，它如同敏锐的雷达，对我们周围的世界进行着随时随地的监控，关注着与我们自身利益休戚相关的事件。

每个人都有自己的潜意识，也就是下意识、本能的反应。情绪产生的一个重要的途径就是潜意识，潜意识和意识共同支配着人类的各种情绪。但人的思维和潜意识是相互分离的，二者之间存在着交锋，现实情况往往是，潜意识的力量通常被我们忽视。通过潜意识的作用，人类自身产生不由自主的生理反应，由此导致情绪的瞬间改变。在自动评估系统下，潜意识造成的情绪通常是突如其来的，从形成到外在表现，时间相当短。另外，在某一段时间之内，人们往往无法接受不符合当下情绪的任何信息，进入情绪的不反应期，这个时候也容易造成情绪的恶化。

作为一个现代人，要从以下两个方面提升你的情绪调控能力：

1. 要懂得把握关键的 6 秒时间差

情绪产生于不经意间，从开始被刺激到爆发，知觉的评估完成速度非常快，在意识还没有觉察之前便已经结束。因此，事情过去之后很多人会疑惑当时的自己正在做什么，为什么会选择那种情绪。

情绪的自动评估反应机制发生的时间大约为6秒。只有在这6秒钟过去之后，大脑的边缘系统才能将情绪传递给脑皮质，使情绪与思考得以链接。而在这6秒钟期间，无论威力多么巨大的强迫性思维也赶不上情绪的瞬间爆发性。

如果我们在这6秒钟之内不妄加行动，防止自己在情绪控制下产生的冲动，把握这6秒的时间差，就可以让情绪和思考进行沟通，从而不至于作出情绪化的决定导致以后的后悔。

2. 要冷静躲避自己的情绪不反应期

人都有情绪周期，有很多时候，情绪周期中会出现意外的低落时刻，在心理学上，称为"情绪的不反应期"，又称情绪过滤理智期。这段时间内人们无法接受不符合当下情绪、无法持续原有情绪、不能将情绪合理化的信息，容易陷入不适当的情绪。当情绪压过理智时，人们会以自己的直接体验来感受所发生的事情，并且想办法去证实它以保持自身的情绪，从而强化自己的情绪反应。这既忽略了周围不符合当下情绪的新信息，又限制了我们处理事情的能力，导致一味地陷在情绪化的反应中无法自拔。

生活中正是由于很多人不了解自己的情绪周期，才容易反复陷入情绪化的反应之中。想要有效调控自己的情绪，就必须警惕自己的"情绪的不反应期"，通过多种方式去了解自己容易在什么情况下、发生什么事情时可能进入情绪的不反应期，将有助于我们解决问题。

情绪的自动评估在日常生活中，对个人情绪的调节起着微妙的作用。把握情绪关键期的6秒时间差可以暂时防止情绪失控，冷静躲避情绪的不反应期可以避免情绪持续恶化。通过这两种方式，我们可以试着控制自己的情绪向良性方向发展，使情绪的自动评估更为合理化。

给你的情绪留一个思考空间

既然情绪有爆发的可能，我们就要在此之前先让自己冷静而理智地分析，而后再选择表达何种情绪，这就是思考性评估机制。思考性评估为思维预留了空间，有助于防止对发生的事情作出错误的判断，这种习惯是个人素养的一种体现，也为情绪判断提供了缓冲的时间。

运用思考性评估进行情绪调控的时候，需要记住"该不该""值不值""有没有用""如何超越"等几个关键点。如，当有人顶撞你的时候，不妨运用以上几个关键点对自己的情绪进行分析。先试着想，对方顶撞自己，自己是否应该产生情绪；如果自己没有做错什么，按理说可能会生气。而后问问自己为当前这件事生气是否值得。如果产生的情绪发泄出来对于问题的解决于事无补，就应该考虑是否换一种情绪。对于应该产生的，值得发泄的情绪，也需要评估它是否有用。如果情绪发泄之后，心情在短时间内可能会舒畅，但却引发双方更大的情绪，这样既不利于矛盾的解决，又给自己造成了更大的麻烦。遇到这类情况便需要思虑再三，再选择巧妙的处理方式来平复双方的情绪。情绪的反应得当有利于促进双方问题的解决，以及双方关系的友好发展。

如，在公司上下级交流的过程之中，作为领导，当听到员工带来的坏消息时，可能会产生愤怒、焦虑等情绪，从而形成情绪的本能反应是指责员工办事不力。但如果在这种情绪爆发之前运用思考性评估对情绪进行分析，通过以上几个关键点的思考来对当前事情进行深入体验，或许会意识到员工本身并非有意犯错。可能员工的出发点也是为公司考虑，但却事与愿违，员工对事情的结果也充满愧疚和不安。通过这样思考，领导与员工的交谈或许就能以一种积极的态度来处理和解决了。如果再加上领导鼓励和安慰的话语，或许员工还会心存感激。

当遇到问题的时候，即使情绪爆炸快要到达极点，也需要先平静下来，拿出纸和笔进行一番理智的分析。这样，原本将要产生的不健康的负面情绪就有可能平复，代之而来的是健康的负面情绪或是积极的正面情绪，同时，真正科学合理的思考性评估反应模式首先需要建立科学合理的认知。心理学曾对情绪的产生存在着两种认知的误区：一种认为情绪的产生是受环境刺激的影响，另一种认知则认为情绪是生理因素导致的。在 20 世纪 70 年代初，美国心理学家沙赫特和辛格所做的心理实验打破了这两种认知：

心理学家告诉所有参加实验的人，这个实验是要考察一种无毒副作用的新型维生素化合物对视力的影响效果。然后将参加者分为实验组和控制组。给控制组的参加者注射的是生理盐水，给实验组注射的是肾上腺素，肾上腺素容易使人产生心悸、颤抖、灼热、血压升高、呼吸加快等典型的生理唤醒特征。

心理学家又将实验组的参加者分为三个小组，对告知的一组说，他们所注射的药物会导致心悸、颤抖、兴奋等反应；对未被告知的一组说，药物是温和无刺激的；最后对误告知的一组说，药物会导致全身麻木、发痒和头痛。

最后，人为安排两个场景："欣喜"情境与"愤怒"情境。所有实验组的参加者进入之后，实验证明，三个小组的实验参加者有一半进入"欣喜"情境，另一半进入"愤怒"情境。未被告知和误告知的一组倾向于追随别人的情绪变得欣喜或愤怒，告知组能够正确解释自身的生理状态，可以安静等待、毫不理会外在情绪。控制组没有经受生理唤醒，也很安静。

由此可知，生理因素和环境因素都对情绪有影响，但均不能单独决定情绪的发生，事实上，两者共同起着作用。建立一个对人物和事件的合理认知是进行情绪管理的根本途径，也是形成快速、敏捷、科学的思考性评估反应的基础。我们需要在平日里多加训练，为自己的思维留出更多时间，让自己有机会有意识地防止对事情做出错误的判断。

回忆也能存储情绪经历

有时候，人们会感觉许多过去的问题总是时不时地困扰着自己。其实，这是源于对过往的负面情绪体味过多所形成的困扰。任由记忆中的负面情绪在脑海中回旋，这对当前的心境有害无益。

要防止负面记忆对情绪产生影响，有效地利用情绪和记忆之间积极影响的一面，具体有以下几个方法：

首先，在情绪平稳时，回忆以前的情绪状态。

人在特定的情绪下更容易引起相似的情绪状态。如，当你又一次没有通过考试时，就很容易联想起上一次的相同情绪体验，也就是上一次因考试失败而产生的负面情绪，那么负面情绪就会加重；而当自己被领导表扬时，就会联想到上一次被领导表扬时自己高兴的情绪，则情绪就会更加高涨。同样，面临同一处场景，心情不同的时候，观看的感受也不尽相同。当这些场景与人们的心境相契合的时候，便容易产生深刻印象，当人们对它没有感觉的时候，记忆也显得相对模糊。

处于强烈情绪反应中的人很难对回忆做出客观的评价。由于记忆与情绪之间的可选择性，比较明智的做法是，选择心情平静的时候回忆过去的情绪。心平气和，分析才能变得理性，才能通过分析帮助自己把握现实、畅想未来。

其次，用崭新的角度看问题——培养积极的心境与情绪状态。

"心境一致记忆"的观点认为个体经历了同一种特殊的心境后，在以后接触事物时总是会倾向用与之前相同的心境去解释这种现象，通过先前的情绪记忆联想，这些事物将被纳入已有的情感模式中。"心境一致记忆"的偏好使得一个人对于同一件事情，不同的心态导致不同的情绪状况，在以后引发的回忆也大不相同。如果试着转变心境，换一个崭新的角度看待问题，形成的情绪状态便会是全新的。

再次，用"控制情境刺激"唤起积极的情绪体验。

所谓"控制情境刺激"，就是指为了减少环境中容易唤起某种情绪记忆的刺激而对当下的情境进行控制的方法。心理学研究证明：依赖于个体的自尊状况除了有"心境一致记忆"之外，还有"心境不一致记忆"，悲观抑郁的人在消极的情境中更容易引起消极的回忆，形成恶性循环；而乐观自信的人在积极的环境中更容易产生积极向上的情绪，即使在消极的环境中，他们也会利用自身的情绪调节产生积极的认知。

因此，对于容易有消极情绪的人来说，选择避开让自己产生不良情绪的环境，寻找一个恰当的新环境，从而唤起自己的新的独特的情绪体验，同时通过有意识地转移话题来分散个人对不良情绪的注意力，是调控情绪的重要方法。

总的来说，情绪与记忆之间有着密切的联系，回顾过去的经历是情绪产生的途径之一。记忆可以带我们回到过去的经历，体味过去的情绪。经历过的事情会和当时的情境及产生的情绪一起留在人的脑海中，当人们再次回忆时，似乎回到了与当时情境一致的感觉，所有的情绪和体验都可能被唤醒。

不可否认，对经历的体验虽然有些时候能够通过回忆获得当时的感觉，但有些时候也许会产生不同的感觉，比如一个人对某件事情当时感到愤恨，事后回忆起来有可能为此懊悔和自责。然而，情绪整体感觉的大方向不会变化，喜悦的心情不会变成悲伤。正如忧伤不可能转化为兴奋，愉悦的记忆带给我们的是积极乐观的情绪。这就是人为什么喜欢回忆小时候的事情，因为童年在人的整个记忆中是最快乐、最无忧无虑的时光。但当人们回忆起在社会上遭遇的各种不平等待遇时，恐怕不会那么轻松。

勾勒一个美丽的情绪幻境

积极的想象对于消除负面情绪、减轻心理压力有着不可估量的作用，无数心理学实验都证明了精神想象的力量。如果人们通过想象恰当地唤醒真正的情感，并付诸行动，可以改变原来不愉快的心情和不良的行为习惯。如，在与朋友将要出去旅游的时候，想象大家在一起的愉快场景；在考试将要来临的时候，想象自己答题时的自信与速度；想象未来的美好生活而后积极努力地为之奋斗，等等。

身体亚健康者通过想象勾勒自己一些健康生活场景，有利于消除他们对医生忠告的抵触心理，积极地采纳医生建议；患者可以通过运用主观意念进行积极的想象和思维，创造积极乐观的情绪以取代各种不良的情绪，提高身体内部的免疫力，从而以一种积极的心境抑制疾病的发生或恶化，战胜病魔，获得健康的身心。

运用"精神想象"的方式来调控情绪、治疗疾病，在国际国内的心理疗法中并不罕见，其中"想象意念法""想象放松法"两种方式比较流行。

1.想象意念法

想象意念法的实施步骤分为五步：放松、入静、聚气、充盈、排浊，具体做法如下：

步骤	具体方法
放松	闭上眼睛，用舌尖抵住上颚，从头到脚、循序渐进地松弛全身的各部分关节和肌肉，使全身都处于放松的状态
入静	将注意力由外向内回收，使之不受外界的干扰和影响，做到大脑放松的真正入静
聚气	想象世界上拥有激活万物的"生命之气"，用意念的力量将这种"生命之气"聚合到自己的头顶上方
充盈	通过意念，想象这股气息通过头部的百汇穴摄入自己的生命体内，并充盈着身体的每个角落，温暖身心
排浊	充满能量、光明和活力的生命之气贯入身体的每个角落之后，体内的污浊之气便难以容身，通过想象和意念，我们将这股浊气通过脚下的涌泉穴排泄出去

2.想象放松法

想象放松法与想象意念法有一些不同，后者是通过全身心意念的力量为调控情绪服务，前者则是通过想象一些轻松愉悦的场景来调节情绪，且通常结合一些暗示、联想等方式使自己感到舒适和惬意。

在进行"想象放松法"之前，不妨准备一些现成的"想象图片库"，将自己认为能够引起自身愉悦情感的美好图片保存到一个相册里，比如自己曾经旅游过的优美的风景图片，与亲人朋友在一起开心时刻的留念，等等。这样，翻开图片，你就能够回想起当初的点滴快乐，自己的情绪也会在不知不觉中好转。

想象放松法还有一个方式：冥想。通过想象自己身处某一个场景，达到自我放松的目的。例如在炎热的夏日想象自己在幽静阴凉的小树林，你会感受到全身比没有想象之前凉爽许多；在压力颇大的工作环境中想象自己在迷人的海滩散步，倾听着海风，或是想象自己在山中小屋休憩，这样放松有助于减轻自己的工作压力。

需要注意的是，进行"想象放松法"要使自己尽量放松下来，并尽可能地想象一个具体生动的场景，动用五官去全面感受，方能达到最好的效果。

想象意念法和想象放松法都是为自我情感的重塑和情绪的调控而服务的，是"精神想象法"的重要组成部分。想象是引发情绪反应的途径之一，通过想象使自己受到鼓励，既能够获得自信，又可以安定情绪。因此，在现实生活中，不妨想象一些场景使自己情绪得到缓解，以减少负面情绪的影响，为自身的好情绪增加一些美好想象的色彩。

学会向别人倾诉真实的你

日常生活中，当碰到困难或者烦恼的时候，人们大多会选择寻找倾诉对象，倾诉自己的各种遭遇。当正确有效的倾诉之后，一般都会有一种一吐为快、如释重负的感觉。这就是所谓的"情绪社会分享"现象。

如果遭遇心理问题，合理宣泄很重要，适度的倾诉是保证情感健康和良好人际关系的有效方式。不过，凡事应有个度，整天逢人就倒自己的苦水，却完全不考虑对方的感受，就会成为朋友、同事眼中要躲着走的"麻烦"。在心理学上有个叫"倾诉综合症"的名词，就是专门指这种有倾诉饥渴的人。

为什么有些人会爱上倾诉呢？有个"病患获益"的理论，说的是当生病或是遭遇困难时，人们会获得来自亲朋好友的照顾与安慰。比如孩子生病时，平时无论多忙碌的父母也会多些时间陪在孩子身边，有些孩子领悟了这点后，为了让父母多陪自己，就会不停地"生病"。

同样，在倾诉这件事上也是如此。当倾诉者发现能换来家人朋友的同情关心时，就会迷恋上这种感觉，然后不停地倾诉。当然，这种人往往缺乏满足感。另外，国外专家发现伤心也可能上瘾。当亲人、爱人和朋友去世之后，人们总会感到伤心，有时甚至长期无法走出悲痛。神经学家指出，这其中的原因并不全是因为人类重情谊，还因为人脑会对这种伤心和悲痛"上瘾"。

想要警惕"倾诉综合症"，就必须要正确区分"正常倾诉"和"倾诉饥渴"之间的关系。那么，什么是正常倾诉和倾诉饥渴？所谓的正常倾诉就是为了解决问题或是获取解决问题的办法而采取的行动；倾诉饥渴则是为了倾诉而倾诉，只是想发泄自己情绪的行动。其实，两者之间最主要的区别就是遇到困难和痛苦的时候，是立刻找人倾诉，还是选择先自己努力消化，如果自己不能解决时再找人倾诉。

正常倾诉的人，获得了解决问题的办法，终于不再苦闷和烦恼，因而会非常放松；倾诉饥渴的人则是在不断地发泄中得到满足。其实要想充分发挥倾诉的功能，仅知道这些还远远不够，必须要掌握倾诉的技巧。总的来说，倾诉技巧的核心原则是在合适的时机找到正确的对象，用正确的方法进行倾诉。

首先，找准倾诉时机。可能有很多人会问，倾诉还需要时机吗？当烦恼、痛苦，或心情不好、情绪低落时，就找人倾诉。其实，在什么时候找人倾诉是很讲究的。合适的倾诉时机能够让你既能达到一吐为快的目的，还不至于惹人厌烦。

什么时候才是最合适的时机呢？第一，要弄清楚是否有必要倾诉。只有确实需要向别人倾诉的时候才可以倾诉。第二，要弄清楚倾诉的目的。倾诉是为了宣泄还是想从中得到一些意见和建议。第三，要弄清楚自己是否有充足的心理准备。只有做好了直面自我灵魂的准备，才可以进行倾诉。

其次，找对倾诉对象。做好了充分的准备，确实需要倾诉了。那么接下来就是找什么人倾诉的问题了。一般来说，倾诉对象应该具有以下四点：一是，能够提供意见和建议；二是，能够分享自己的体验；三是，对自己的遭遇比较关心和了解；四是，能够安抚自己。

大家平时习惯于找自己的亲朋好友倾诉，但是找什么样的亲朋好友也是非常讲究的。一定不能找喜欢搬弄是非的人倾诉，也不能找一些对你不了解，对你的遭遇无动于衷的人倾诉。最好找关心体贴你的人，或诚实可靠的人来倾诉。当然了，最好是去找心理咨询师，因为他们不仅能够保守你的秘密，还能通过对你的分析，进行合理有效的疏导和安抚。

再次，找对倾诉场合。有些人愿意向别人倾诉情绪，但是却没有选好场合。例如朋友一般在较为轻松的茶馆、咖啡馆里面对面倾诉，切忌在嘈杂的环境中，这样会加重你的负面情绪。恋人一般在私密性比较好的场所倾诉，彼此可以没有拘束，也没有第三者的影响。上下级之间的倾诉最好远离办公室这种场所，因为很容易带入工作情绪。

所以，选对倾诉场合也大有讲究，这一点要多注意。

最后，找好倾诉方法。找亲朋好友进行倾诉的时候一定要注意以下几点：第一，要实事求是、客观地描述自己的情况，不要有所隐瞒和夸大；第二，语言要得体，言辞要适当。不要太过情绪化和极端化，否则很有可能使倾诉走向反面，不仅达不到倾诉的目的，反而会产生负面效果。如果是找心理咨询师，一般不会产生这样的问题，专业人士会针对你的各种情况进行疏导的。

要想一吐为快必须要得法，不能一味地不顾别人的感受，更不能任意宣泄自己的情绪，而患上"倾诉综合症"。在正常倾诉的基础上，选择恰当的倾诉时机，寻找合适的倾诉对象，使用正确的倾诉方法，让自己的情绪彻底释放。

用表情带动你的积极情绪

心理学家经过测定，认为人的脸部表情和情绪之间是有关联的。情绪活动可以引起人的面部表情的变化，面部表情的改变信号很快传输给大脑，大脑又可以帮助人们确定这种情绪体验。不仅情绪影响面部表情的变化，表情也能直接导致情绪的改变。

艾克曼教授在西苏门答腊岛上的米南卡包进行的实验也证明了这一点。他要求被试验者按照某些指令做出不同的表情，调查得悉很多人都因此出现生理变化，而且大多数人都能感受到这种情绪。比如微笑，当人们做出微笑的表情时，大脑会产生喜悦的情绪变化。

保持一种自然的面部表情可以反映内心真实的情绪，刻意做出的表情会导致人的自律神经系统发生改变，表情通过脸部肌肉的改变传递到大脑的感情中枢，大脑接受到表情信息后会分泌化学物质，而产生同表情一致的情绪感受，这些情绪感受传回大脑，又会加强脸部表情，形成循环。通过刻意做出的表情刺激大脑神经的表情中枢，来制造某种情绪，这种情绪虽然与自然情绪的产生动机不同，体验方式也不尽相同，但确实是一种有效情绪产生方式。

但是有些人觉得用表情带动情绪很难，当情绪发生的一瞬间，仿佛所有表情都很自然地与情绪配合，如果强制性地变化自己的表情，整个人会有一种被扭曲的感觉。这是因为你还没有试着让自己轻松，先让自己的表情恢复到无表情，然后再慢慢做出能激发积极情绪的表情，就可以达到你想要的效果。以下几个动作可以让你产生积极情绪：

首先，保持微笑，嘴角上扬。

很多公司会要求员工保持微笑，这是招徕顾客的一种方式。员工不一定开心，但是他的微笑却能够让见到的人都变得心情愉快。同时，他们嘴角上扬，通过别人对自己微笑的反应，可以想到很多快乐的事情。一个人可以长得不够漂亮，但是至少可以拥有自信的微笑。如果一个人总是皱着眉头，心中自然充满悲苦困扰之感，也给周围的人带来压力和不安。学会保持微笑，这是对自己情绪的最简单的支持和鼓励。

其次，试着大声地打哈欠。

不知你有没有发现，当你打哈欠的时候，整个人的身心都能放松下来。这正是打哈欠的奇妙功效，随着嘴的慢慢张大，污浊的空气被你排除，其实负面情绪也悄悄被排除了一部分。在你打完哈欠后，表情也显得较为自然，人也变得神清气爽。

如果在打哈欠的同时，伴随有伸懒腰的动作，效果将更好。

试着做一做，你能感受到它的神奇效果。

　　实际上人都有情绪的高低起伏，始终坚持快乐的情绪并不是一件容易的事情，以上方法只是希望我们在生活中不要陷入低落的情绪中而走不出来，运用这些方法的宗旨是为了积极调动身体里的快乐细胞，使之处于活跃之中，只有打开心灵的窗户，才能真正拥有快乐的情绪，从而为自己的行动奠定良好的基础。

第三章　摸清情绪的来源——情绪评价

对人对己，情绪归因有不同

掌握正确的情绪分析法并加以运用，是进行情绪分析、评估的前提和基础。在分析他人的情绪时，应当充分运用合理的情境归因法；在分析自己的情绪时，则可以运用合理的个人归因法。在具体分析的过程中，很可能需要将两者结合起来，这样可以防止错误的情绪分析。以下是情境归因法和个人归因法的具体内容：

1. 运用合理的情境归因法分析他人的情绪

在对他人的情绪进行分析时，一般人都会表现出一种普遍的偏见，高估人格特质的影响，而忽视了情境的作用。即使做出情境归因，也通常会把情绪和行为的原因归结为外界环境中的某种东西，比如，个人性格本身不好、环境不好、素质差劲、机会少、任务艰巨，等等。这类情境归因虽然有一定的道理，但却不甚合理。

我们应该站在别人的立场上，对这个人为什么产生这种情绪做合理的情境归因，这就需要表现出对别人的宽容大度和理解，这也将有助于良好人际关系的形成和巩固。丈夫回家晚了，作为妻子不应该一味地责怪他不顾家，而应该想到是否由于他工作太繁忙而回家晚。如果以体谅的心态来对待彼此的相处，则双方都会心存感激。

中国古代有个情境归因法的经典例子，那就是关于鲍叔牙和管仲的故事。

鲍叔牙和管仲是好朋友，在做生意的时候，管仲出的资金少，而最后拿的分红多，鲍叔牙解释这是由于管仲家比较困难，更需要钱；管仲在战场上逃离，鲍叔牙解释这是因为他家有八十岁老母需要照顾，不得不忍辱回家尽孝道。后来，管仲在鲍叔牙的举荐下成为了一代名相，两个人的友谊也成为千古流传的友情佳话。这正是由于鲍叔牙运用了合理的情境归因法，从管仲的角度去考虑，才既没有误失人才，又巩固了友谊。

2. 运用合理的个人归因法分析自身的情绪

辩证法指出，内因是事物发展变化的根本原因，外因只有通过内因才能起作用。这就是说，外界的所有因素对自身的影响必须经由自身才能反应，因此，自身才是情绪问题的根源所在。当出现情绪问题的时候，仅仅将原因归于他人或是外界环境是不正确的。无论遇到什么情况，都应该首先做到从自己身上寻找原因，抱怨和推脱没有任何意义。

不过，从自身寻找原因中有一种情况是对个人的否定。有人在对自己的情绪进行分析的时候，会将行为和情绪的原因看作是和自己的性格、态度、意图、能力和努力程度相关的问题，从而导致对自我的否定，正是这些有偏见的个人归因导致对自我分析之后陷入更为严重的情绪问题。比如有人觉得自己太笨了太没出息了等，这些都是不合理的个人归因。遇到这种情况，我们应当运用灵活的原则去对待，在进行情绪分析的时候，多从内在的稳定因素归因，比如努力程度是否足够，少从不稳定因素归因，比如个人的能力等，克服个人归因偏差，这样才能够提高自己的信心。

内因和外因总是相互关联、相辅相成的两个因素，缺一不可。

在情绪分析过程中，我们不但需要客观、实事求是，也需要将情境的外因和个人的内因结合起来综合运用。通过合理的归因法可以使问题者减少抱怨，培养他们的责任感和积极进取的精神状态，从而能够更有效地解决问题，达到情绪的良性循环。

情绪分析的"内观疗法"

如果对问题进行深入分析，人们自身多多少少都存在着问题，但是人们却总是习惯于把过错归结到别人身上，而很少去把探究问题根源的目光放到自己身上。如果认真关注周围的人，我们会惊讶地发现，越是有成就的人往往越谦虚，而没有成就的人往往将原因归于外在条件。他们总会认为未获得成功是因为条件不成熟、环境不够适宜、没有更多的支持，等等，而不去反省自身的原因。

要注意反观自身，真正伟大的人物都对自身的缺点和不足看得比较透彻。

那么，如何进行充分的自我分析？我们可以运用日本的吉本伊信创始的"内观疗法"，内观又称内省，是观察自我、纠正自我的一种方式，可以通过对自我的分析来改善自己的人格特征，纠正人际交往中的不良态度和行为，促进自身的发展和人际和谐。

"内观疗法"依具体的方法不同，主要分为集体内观和分散内观两大类。

1. 集体内观

集体内观是可以多人同时进行的一种方式。在一间安静的屋子里，四周围上屏风，个人选择自己最舒服的姿势，进行系统的回顾和反省，除了吃饭、睡觉和洗澡之外，不可以随意走动、谈笑、看书。

2. 分散内观

分散内观的方法与集体内观的方法相似，只不过是以最近的事为主，比集体内观反省的时间短，并且在日常生活中便可以进行，具体为每周一到两次，也可以每日一次，每次一到两个小时，比较容易实施。

内观之后，便可以对自己的评估做到全面、科学、客观，这个时候再找朋友和比较熟悉的同事分析自己内观后的自我评估值是否客观，以便及时快速地提高自身的能力素质。

人无完人，每个人都有自己的缺点和不足。当问题产生的时候，我们需要用理性的态度来看待事情，从自我做起，加以改进。有的人总是对自己的优点和优势沾沾自喜，对自己的缺点和不足视而不见，甚至刻意忽视别人身上的优点和长处，这种心理态度很不健康，面对问题，要学会首先从自己身上寻找原因。

张清和李文是相恋了多年的情侣，然而就在两人要结婚之际，张清犹豫了，她感觉李文变得越来越不相信自己，还总爱吃醋，每次出差都要追问自己所有的细节和过程，很介意她跟其他男同事的交流，为此，两人经常吵架。

张清认为两个人在一起最重要的是信任和宽容，对于男朋友李文的所作所为，她感到很失望。然而有一次，在她与一个很熟悉的朋友倾诉想要放弃这段恋情的时候，朋友的一句话点醒了她。"也许是你自身的原因导致了他对你的猜疑呢？"这时，张清才意识到，不能只站在自己的角度想问题。在与朋友的交流中，她逐渐反观自身，终于意识到自己有些行为的确让李文心存怀疑。比如，她不喜欢清楚地告诉别人自己要到哪里去，和谁在一起，这样，关心自己的李文自然会担心；有时候她喜欢谈论公司的男同事，而从不提及自己身边的女性朋友，这让李文很没有安全感。想到这些，她也感到很抱歉。与朋友交流后，她努力地改变两人交流和相处的方式，果然，她发现李文变得越来越宽容，两人仿佛又找到了初恋时的感觉。

不久，两人迈进了婚姻殿堂。

张清正是通过内观反省的方式对自己的问题进行了总结思考，加以改进，才使事情向好的方面发展的，假如她在看到男友猜忌之后一味地以为这是对方的过错，而对此耿耿于怀，两个人势必会闹到分手的地步。由此看来，自我反省是非常有必要的。

在问题面前，学会主动从自身寻找原因，这极其难得，也十分必要。古代哲人曾以"吾日三省吾身"来对自己的言行进行内观，以警示后人要从自身原因出发来看待问题。如果不知道反省自己，而只是去埋怨别人，这只能成为通向成功的阻力。内观反省是一面镜子，可以找出自身的问题。苛求别人不如反省自身，通过对自身的情绪评估和调控，达到人际关系的和谐相处，这才是关键。

运用辩证法策略改善情绪

事物本身有好坏之分，然而我们对待事物的情绪往往取决于注意力的所在点，当你关注好的一面时，会感到欢欣鼓舞；面对坏的一面时当然会沮丧失望。世界潜能开发大师安东尼·罗宾认为，人们对事实的认知会受注意力的影响，应当控制好自己的注意力，否则很容易被它戏弄。注意力是看待事物的焦点所在，也是情绪生成的先决条件，要想有效调控情绪，便需要控制注意力，辩证地看待事物的各个方面。

我们所经历的各种情绪和各种事情都可以从多个方面来分析，评析过程中，尤其要注意运用辩证法的策略，这样可以使情绪评析人对情绪的形成、发展及结果洞悉得更加全面、客观、理性，从而加快解决情绪事件，并促进形成良好的心态。倘若观察不全面，则会容易使情绪陷入极端和偏激，不利于情绪调控。

几十年前，一个身有残疾的美国人，家中遭遇了小偷，损失了一些财物，一位朋友写信来安慰他，他回信说："谢谢你的来信，但其实我现在心中很平静，因为：第一，窃贼只偷去我的东西，并没有伤害我的生命；第二，窃贼只偷走部分财物，所幸并非我所有财产；第三，还好是别人来偷我的，而不是我做贼去行窃。"

就是这样的乐观态度，使这位残障人士遇到任何事情，都能用积极的态度来应对，进而在日后缔造出了不凡的事业。他就是美国第三十二任总统——罗斯福。

家中失窃原本是件令人恼怒的事情，但在罗斯福看来，东西既然已经丢了，生气也找不回来。与其让愤怒指挥自己接下来的情绪，不如放宽心态从不幸中发现美好。即使被大多数人视为不幸之事的被盗，也阻挡不了他继续追寻快乐的脚步。由此可以看出，情绪好坏与否，关键在于我们在看待一件事情时用什么样的思维方式和心态。如果辩证地去看待被盗这件事，它也可以有正面和负面两种影响。

宇宙间的每个事物都是独一无二的，都有自己特殊的规律和特性，杨树不能被叫作松树，苹果不能称为梨子，甚至"世界上没有完全相同的两片叶子"，从这一方面来看，"非此即彼"是成立的。然而，世界万事万物处于普遍联系之中，每个具体事物都同若干个具体事物相联系着。"亦此亦彼"的可能性存在于多种现象，鱼和两栖动物之间的界线是不固定的，脊椎动物和无脊椎动物之间的界线也渐渐模糊，鸟和爬行动物之间的界线正日益消失……没有完全相异的两种事物，而且，事物之间还存在相互转化的规律，正如老子所说："祸兮福之所倚，福兮祸之所伏。"辩证法不鼓励找到逻辑上的绝对真理，而是要求在处事上去遵循客观世界的发展规律，做到"非此即彼"和"亦此亦彼"的统一辩证思维。

在情绪评析和调控的过程中，辩证法思维所揭示的事物具有两面性的特征证明了中庸之道——"允执其中"的必要性和可能性，情绪的评析应注意保持各方面在动态中的均衡，情绪的调控需要我们及时地转移注意力，在身处顺境的时候提醒自己冷静理智，要有危机意识；在身处逆境的时候，要积极乐观，看到光明所在，由此可以实现自己情绪的平静顺畅。

同样是别人的一句话，当你对说话人感到厌恶时，你会认为这是一句不安好心的坏话；当你对说话人有好感时，你会认为这是他对你的肺腑之言。"情人眼里出西施"，与此也大致类似，究其原因是我们的注意力集中点不同。评价一个人时，我们不应当仅仅发现他的缺点，还应当看到对方的优点，尤其是当我们的情绪指向极端的时候，更应当辩证地看待。比如当你与身边的人发生口角时，就应当回想他的优点和过去与他相处的愉快经历，就会感到情绪有所平复。

在情绪评价的时候，将注意力放在积极和消极两个方面，并多关注积极的方面，用"非此即彼"与"亦此亦彼"相结合的辩证法思维来思考，这将有助于我们达到"允执其中"的状态，保持自我心理上的平衡。

将换位思考运用在情绪分析中

所谓同理心，就是站在对方立场上去进行的一种思考方式。通常我们有类似的经历：在面对同一件事情时，我们自身会体现出一种立场，当你设身处地地站在别人的立场上去思考的时候，便能够深切地感受到对方的情绪状态，于是在沉浸于情境的感悟中能够做到对他人的理解、关心和支持。心理认同是同理心的重要内容，这就是同理心所揭示的一个道理。

常常有人会说："你怎么那么说话呀，真是饱汉不知饿汉饥。"事实上，吃饱的人从自己的立场出发看待问题并没有错，他是真的不知道饥饿的痛苦滋味，但他没有从饥饿的人的角度思考问题，才引起了对方的怨气。

在现实生活中，面对诸多矛盾和问题，很多人会对他人产生愤怒情绪。他们认为将责任推卸给别人是解决问题最简便的一种方式。殊不知，面对自身所遇到的情绪问题，采用如此的态度和行为，恰恰使当事人陷入不良的情绪循环。当他们认为别人不欣赏自己、愚弄了自己的时候，便会产生避免使自己成为受害者的心理，而愈加对别人产生愤恨。在迁怒于别人的过程中，他更会为自己可能遭受的报复感到恐慌，从而更加固执地认为对方很鄙视他们，如此往复循环，恶性的心理情绪最终导致个人的心理疲惫与情绪失控。

在心理学中，这种现象又被称为"反射—惯性"，当事人的行为起初是一种条件反射，这让自己对过错感到心安理得，于是他们继续这种行为，不断强化对他人误解的惯性。假如对方真的与之相对抗，便有可能使两者都陷入情绪的恶化中，谁都下不了这个台阶。

情绪问题几乎都产生于人际交往的过程中，这就关系到心理认同这条基本的人际关系法则。要想走出"反射—惯性"这一怪圈，培养并加强同理心势在必行。行动对人的影响与个人的切身体验密不可分，有人在心理认同方面做得不到位，于是与别人的相处总表现得冷冰冰；有人热心为别人着想，同理心法则运用得好，则会拥有温暖的友谊和良好的人际关系。因此，学会替别人着想，多站在别人的立场上去考虑，而不要以恶意去揣度别人，这有助于我们工作、生活的各个方面取得良好的效果。

商场为了留住一线品牌，提高自己的利润，通常会在季末的时候，给营业额排名前十位的供货代理商予以返利。不过返利的比例每年都有所不同，但始终在 14% 的上限和 8% 的下限间浮动，且以商场副总以上的领导签字的最终返利协议为准。

这一年，商场的财务处人员高飞根据负责服装部的张总上半年签的协议，按照 11.8% 的返利与女装部的第一名结账。然而，结账之后，张总却将高飞叫到办公室，训斥其给的返利比例过高。高飞没有当场反驳，他知道，空口无凭。

出了办公室，高飞赶紧与对方联系，说明情况，并寻求协议的底根，对方火速派人将张总上半年亲笔签的协议找出，张总看到后，有些不好意思。事后，他夸奖了高飞的细心与办事稳妥。代理商由于此事获利丰厚，也十分感激高飞在其中的斡旋。

假如高飞在领导震怒之后，只是猜测领导这样做是否是在给自己穿小鞋，或是回想自己是否得罪过领导，或者充满怨气地想这是领导失职却把气撒在自己的身上，而不去解决问题，自然就对领导产生怨言，久而久之，工作也不再积极努力了。但高飞没有这么做，他积极地去解决问题，因为他运用了同理心法则来应对与领导的交流，毕竟商场的利润是大家所关心的，领导因为返利比例高而生气也是为了商场的获利着想，商场利润提高了，员工的福利自然也是水涨船高。如此去想，高飞岂有不积极解决问题之由？

同理心法则是心理学中的一条重要法则，作为情绪调控的一种能力和技巧，它体现了人际交往和为人处世的生活智慧和人生哲理。倘若我们在人际交往中加以运用，将心比心地去认识问题、分析问题和解决问题，必然可以收获到良好的人际关系和豁达的心态，促进现代社会的和谐发展。

消除因偏见产生的情绪问题

心理学家曾做过一个实验，主题为"我们大脑中的先验假设能够对我们的日常推理造成多大的影响"。实验中，他召集一些人，将他们带到一间办公室并告诉他们在此等待参加一项学术研究计划。过一段时间叫他们出来，询问是否记得办公室里有哪些东西。许多人表示并没有注意，但当让他们进行选择的时候，无一例外都选择了"书"。其实办公室里根本没有书，他们并没有将注意力集中在办公室的物品上，只是想当然地以为既然是办公室就肯定有书——这就是生活经验积累的心理定式。

当被研究者没有刻意留意时，认为学术研究机构的办公室当然会有书——这是依据经验和固定常识的必然推理。依靠之前生活积累的先验假设经验进行推理，往往会形成心理定式。所谓心理定式指的是一个人在一定的时间内所形成的一种具有一定倾向性的心理趋势。即一个人在其先验假设或过去已有经验的影响下，心理上通常会处于一种准备的状态，从而使其认识问题、解决问题带有一定的倾向性与专注性。这其实是一种个人经验所形成的偏见。

偏见的存在对于问题的产生和解决都有很大的负面影响，并且很多偏见会将我们的情绪引向不好的方面。

通常的偏见分为以下几类：

类型	定义
证实偏见	按自己的思路去寻找那些能证明他们的理论或判断的信息，而非去反驳自我判断
后见偏见	觉得过去的事情的结果正如他们原来所期望的一样
聚集性幻觉	感觉到实际上不存在的规律
近因效应	先后提供的两种信息，近期信息往往占优势
定锚偏见	最初的信息引导而形成的最初的信念，在人们作判断或评析问题的时候占据极大比重，无法融合新信息
过度自信偏见	以个人意愿为主，无视客观规律，盲目行动，拒绝改变

　　其中，用自身的经验贴标签、下评判，是造成各类偏见产生的主要原因。标签一旦形成，就会像习惯一样，比较顽固，而且很多人还没有意识到自己有贴标签这种行为。

　　现实生活中，由于偏见、心理定式的思维、自以为是，产生了许多误解和矛盾。

　　张明与女朋友相恋了很多年，打算在今年结婚。然而就在结婚前夕，双方家长的意见出现了小小的分歧。

　　由于张明家庭条件一般，他跟岳父商量是否可以一切从简。岳父坚持按照当地的风俗，结婚要有三金（金项链、金戒指、金耳环），还要给一万元彩礼钱，不同意一切从简的提议。

　　后来经过东凑西借，张明终于把东西买齐了，不过心里也很恼怒，认为妻子的家人太不体谅自己。婚礼当天，岳父送给夫妻两人一个红包。想到自己父母的忙碌和操劳，对岳父不满的张明认为这是假惺惺，因奔波婚礼而累积的忙碌与疲惫化为怒气在这一瞬间爆发，他于是将红包扔在地上，不愿接受。后来在大家的安抚下，他才将红包捡起来。

待到婚礼结束，张明送完客人后打开红包，顿时羞愧难当：岳父给他的是一个 10 万元的存折。原来，岳父不是想从男方家捞钱，只是想让女儿按照当地的风俗嫁得风光些，让张明珍惜并善待自己的女儿。

偏见常常是由于运用心理定式判断和分析对象产生的，当人们对自己所推断的唯一可能性过分信任时，便会忽视存在的多种可能性，从而对事物或事件造成不公平的评价。

故事中的张明不但没有理解岳父的良苦用心，反而判定岳父给红包是"假惺惺"，很小的情绪酿成大矛盾，这种结果被美国著名心理学家桑戴克称之为"晕轮效应"（也称"光环效应"），这种效应犹如大风前的月晕逐步扩散，渐渐形成一个更大的光环。在认知方面，表现在人们的认识与判断只是从局部或表象出发，按照自己的理解去得出整体印象，形成认知偏差。

偏见一旦产生，很难消除，但我们可以进行有效的情绪评析与情绪调控。在日常生活与交际中，首先，应当学会细心观察，全面看待问题；其次，需要进行心理换位思考，理智看待问题；再次，应当正确认识自己，正视自己的问题；最后，加强自身的学习，弥补个人经验知识的局限导致的认知偏差。

尽管偏见很难完全消除，但通过以上几点的学习，至少可以减少它的发生。凡事不要受已有的框架与既有的判断的限制，应当培养发散思维，学会变通，从多个角度看待问题。只有以事实说话，偏见才会无所遁形。

培养你的加法思维

加法思维是人们形成正向思维的有利指导，推动人们从积极乐观的角度看待问题、看到自身所拥有的东西，当面临诸多不幸、压力、烦恼等不良情绪的困扰时，能够让我们感受到生活中的阳光。

加法思维是极为重要的思维方式之一，著名医学博士春山茂雄曾写过一本畅销书——《脑内革命》，其中主要论点是鼓励人们在职场中进行加法思维的训练。比如当你在公司加班时，要想这是公司离不开你的表现；被老板教训了，要想这是在考验自己的忍耐力和精神修养的时机……运用加法思维可以保持开阔的心境和愉快的情绪，有助于促进问题的顺利解决。

英国作家萨克雷曾说："生活好比一面镜子，你对它笑，它就笑；你对它哭，它就哭。"当我们将注意力集中到自己所经历的不幸、压力和烦恼上时，面对诸多失去的东西，心中必然感觉一片灰暗；但当我们将注意力转移到自己所拥有的东西上时，心情便会好转，可能收获许多意料之外的惊喜和感动。我们的心情指数和生活状况由我们自身看待问题的方式来决定，换言之，我们的生活由我们自己决定，而不是由客观环境决定。

科学研究发现，当人们在运用加法思维的过程中，脑中会分泌出脑内吗啡，这是一种有利于身心的人体荷尔蒙，可以使人心情舒畅，保证最佳的精神状态；而在运用减法思维时，脑内则会分泌出有害的毒性荷尔蒙，破坏我们的身心健康。现代社会中患抑郁症的人越来越多，抑郁症甚至被世界卫生组织预言为人类"21世纪第三大疾病"。这在很大程度上是由于在减法思维的控制下心态不稳定所导致的。

有很多人，一生都在运用减法思维，当他 20 岁时，他认为自己失去了童年；当他 30 岁时，他认为自己失去了浪漫；当他 40 岁时，他认为自己失去了青春；当他 50 岁时，他认为自己失去了幻想；当他 60 岁时，他认为自己失去了健康。却偏偏不去把握当下，把握今天！

岁月的流逝必然带走许多属于我们的美好的东西，但同时也会给我们带来许多独特的体验和收获。试想，如果运用加法思维，去把握当下的美好，必然会有不同的心态：20 岁的自己正拥有着令人羡慕的火热青春；30 岁的自己正当壮年，应当为自己的才干和经验而自豪；40 岁拥有成熟的人格魅力；50 岁因人生的丰富多彩而在精神上富足；60 岁的自己可以享受退休后的天伦之乐。这样，通过认识当下的加法思维，我们可以每一天都觉得很美好。同样是一生，运用减法思维，越减越少，导致生活充满危机与压力；而运用加法思维，越加越多，可以使自己保持满足与欢乐。

我们周边的环境从本质上说是中性的，是我们给它们加上了或积极或消极的价值，问题的关键是你选择哪一种。加法思维正是从平凡的生活经历中获取积极的体验与幸福生活的关键。得到亦失去，失去亦得到，在分析问题、解决问题时选择加法思维方式，多看自己所得到的，少看自己所错失的，才能赢取良好的心态。

生活中的每一种不同的情绪，作为一种宝贵的人生体验，都丰富了我们的人生经历，可以引发我们思考，促进成长。因此，当我们要对自己的情绪经历进行评估时，不妨运用加法思维。同时应当认识到，加法思维虽与减法思维方式截然不同，然而加法思维包含着减法思维：用加法思维来构建积极乐观的态度，可以享受生活中的种种乐趣，强化正态效应；用减法思维去面对生活中的种种不如意，有助于淡化消极因素，减少消极、悲观、埋怨的情绪。当然，加法思维并不是一朝一夕可以简单完成的，它需要我们有意识地坚持锻炼，只有这样才可能在生活中培养出良好的心态，从而有利于良好情绪的形成。

行动前的利益权衡

如果我们在行动之前多进行利益权衡，便不至于在事后产生一系列失落、懊悔、痛苦、冲动、烦恼等情绪化的异常反应。行动需要进行计划和合理评估，不进行计划和评估的行动是不成熟的，这是引发情绪的根源所在。因此，我们应当对所要进行的行动进行事先的冷静思考和详细计划，使行动的结果实现利益最大化，这样也可以减少负面情绪的产生。

如何使行动之前的情绪更趋合理化？现代心理学中有很多研究，其中，"情绪代数学"比较流行，"情绪代数学"由心理学家乔舒瓦·弗理德曼提出，他认为在行动之前或者做出选择之前，应当及时地运用因果思维法，来权衡这个行动或选择存在的收益与代价，以及可能带来的各种情绪。通过综合考虑与权衡之后所做出的最终决定，对行动后的情绪影响效果很明显。

当你想向上司提出你希望升职或加薪的请求时，便可以运用情绪代数学的方法来进行分析权衡。比如：

王女士在公司里工作很努力，业绩也算突出。为了进一步提升自己的事业，她要求公司老板给她一个机会，提升自己为部门经理，但又不知现在提这个要求是否合适。正好她有一个好朋友是一名心理咨询师，王女士便向她进行咨询。

朋友建议王女士先填写一张"情绪代数学"表，详细如下：

（1）列举自己所面临的选择。

（2）从自己的切身利益和多种可能性来一一列举选择之后的

收益和代价。

（3）考虑收益和代价分别会给自己带来什么情绪，进一步发现自己内心深处的感受。

（4）将所可能导致的情绪进行评分。

（5）分别总结收益和代价的分值，并进行比较。

（6）结合比较结果，最终做出正确选择和行动。

王女士经认真思考，认为升职成功虽然既可以证明老板对自己的认可，又可以增加自己的收入，并且还能显示出自己社会地位的提高，但老板也可能会以种种理由拒绝升职要求，倘若提出升职请求后被拒绝，此后可能给老板留下只关心钱的不好印象，相处起来会很尴尬。综合提出升职请求后积极的情绪和不好的强度后，王女士发现糟糕的情绪强度指数要大于积极的情绪。

朋友分析过王女士所列条件之后语重心长地说："提出升职要求并不是不可能，但你也看到你所列举的分析判断了。另外，你现在需要合理地评估自己的能力，还要考虑一下现在提出时机合不合适？如果你对这些做好判断之后仍认为可能的话，你可以尝试申请一下。"

王女士通过定量化的行为分析后，认为自己现在提出升职要求并不合适，于是放弃了这种想法。

通过对自己情绪提前量化，王女士更为明确地预测到自己的行动所导致的结果。从而放弃了主动提出升职的请求而继续努力工作。如果生活中我们对自己的行为举动多一些明确化的量化，就会像王女士一样作出理性的决定，而不至于陷入行动后的被动。

由此可见，情绪代数学可以帮助我们理清思路，更方便直接地预测出做出选择之后的可能结果，并可以分析其中的因果关系，从而避免陷入无意识的行动之中，被动接受行动的后果而导致情绪的自由化发展。

第四章　状态不好时换件事做——情绪转移

换一个环境激发情绪

　　环境状况、思维、行为、生理反应、情绪是一个互相联系的整体，任何一方面的改变都会间接影响到其他方面。当外部环境状况发生变化，人处于情绪化状态时，大脑中会形成一个较强的兴奋点。此时如果回避相应的外部刺激，可以使这个兴奋点消失或是让给其他刺激，从而引起新的兴奋点。

　　所以，如果要我们让自己的不良情绪从不愉快的环境中转移出来，兴奋中心一旦转移，也就摆脱了心理困境。

　　由于人的情绪总是具有情境性的，特定的情境与特定情绪反应之间有对应关系，当特定的情境出现时，就会引发特定的情绪反应。利用这一点，通过避开特定环境和相关人物，可以有意识地减少容易引发不良情绪的因素；同时，增加能够激起健康、积极情绪的因素，就能够很快缓解不良情绪刺激，从而理智地处理出现的问题。

　　我们换环境的关键是离开产生不良情绪的环境，如果你换了另外一个相似的环境，根本达不到预期的效果。当发生亲人去世或者失恋等事件时，悲伤、苦恼、懊悔都无济于事，只会令自己更加消沉。正确的做法是离开事发地点，切断不良刺激，平复受到创伤的情感。可以在亲友的陪同下离开地震发生的地点，避开与过世亲人联系紧密的环境、物品等。失恋的人应该注意避开曾经与恋人相识相聚的场合，以免引发消极情绪。

离开原来的环境只是消极地避开不良情绪刺激，并不能从根本上解决问题。人的思维总是不受控制，如果刻意去忘记一件事反而会在脑海中不断地回想这件事，寂寞的时候尤其是这样。要让情绪尽快好转，必须尽可能地去寻求一种全新的、具有感染力的、能够唤起完全不同的情感的环境。通过融入新的环境中获得新的乐趣时，烦恼、失落等不良情绪自然会不见踪影。

那么，如何选择替代环境？一般说来，想让烦躁的心情平静下来，可以选择幽静的咖啡厅、书吧或者小树林；想让低落的心情高涨起来，可以去参加聚会，或是去热闹的电影院看场喜剧，听一场亢奋的音乐会，看一场激烈的球类比赛等；想让压抑的情绪释放出来，可以去欣赏自然风光，去野外爬山，去步行街购物，或者是去健身房锻炼，通过环境的转变来改善不良情绪。

在选择替代环境的时候还需要注意选择环境的颜色。先来看以下几种颜色及其特性的简单对应关系：

颜色	象征	积极作用	消极作用
红色	热情、振奋	促使血液循环、使人精神振奋	久看易导致情绪急躁，易激动
绿色	生机、活力	艳丽、舒适，具有镇静神经的作用，自然界的绿色对疲劳、恶心以及消极情绪有一定的舒缓作用	久看易使人感到冷清，影响消化吸收，食欲减退
粉色	温柔、甜美	使人的肾上腺激素分泌减少，镇静与缓解情绪。缓解孤独症、精神压抑症状	无

黄色	健康	对健康者有稳定情绪、增进食欲的作用	对情绪压抑、悲观失望者会加重不良情绪
黑色	庄重与肃静	对激动、烦躁、失眠、惊恐等起安定的作用	情绪压抑、悲观失望者会加重这种不良情绪
白色	纯洁与神圣	对易动怒的人可起调节作用	患孤独症、精神忧郁症的患者会加重病情
蓝色	宁静与想象	具有调节神经、镇静安神的作用	患有精神衰弱、忧郁症的人会加重病情

不同的颜色会引发不同的心情。如果忽略了对色彩空间的选择，将难以收到理想的效果，同样是咖啡厅，冷色调的装修风格容易使人沉静，而暖色调的装修风格则可能使人亢奋。色彩与人们的生活密不可分，它一边美化生活，一边也对人们的情绪产生直接或间接的影响。合理地选择适当的色彩空间，将能更轻易地走出情绪困扰，收到"移情易性"的效果，这就是色彩的巨大功效。

古老中医的神奇情绪疗法

根据传统中医理论，人有七情，即喜、怒、忧、思、悲、恐、惊七种活动，正常的七情活动并不影响人体健康，反而能调节人体自身平衡。但若太过或不及都会导致情绪问题，继而引发各种身心疾病。针对七情太过引发的疾病，可以根据五行制胜的原理来治疗。

具体来说，就是利用不同情绪之间相互制约、影响的关系，通过有目的地激发某种性质的情绪变化，来调控、治疗另一种变化强度过大的情绪，使即将被破坏的机体平衡得以恢复，这就是以情胜情疗法，依据《内经·素问》中所言，有"悲胜怒，怒胜思，思胜恐，恐胜喜，喜胜悲"等疗法。

各种情绪相互影响、制约，所以又称反向情绪转移疗法。如"悲胜怒"，即发现存在愤怒的不良情绪时，有意识地采用行动去激发悲伤的情绪，用悲伤去压制和调整愤怒，从而达到改善身心的目的。这种方法起源于我国传统中医，是世界上独特的一种心理治疗方法，在我国古代有着极其广泛的应用，以下对各种以情胜情疗法进行具体解释：

1. 以喜胜悲疗法

喜为心之志。喜在正常情况下能缓和紧张情绪，使心情舒畅气血和缓。如果使陷入悲痛情绪的人产生欢喜的情绪，就能战胜悲伤抑郁的情绪，而使其轻松愉快，精神奋发向上。

清代有一位巡按大人，终日愁眉苦脸。几经治疗，终不见效，病情日渐加重。经人举荐，名医前往诊治。名医望闻问切后，对巡按大人说："你得的是月经不调症，调养调养就好了。"巡按大人听了捧腹大笑，说道："这是什么名医，我堂堂男子焉能'月经不调'，真是荒唐到了极点。"自此后，每回忆起此事就大笑一番，乐而不止，久而久之，病也好了。一年之后，名医又与巡按大人相遇，这才对他说："君昔日所患之病是'郁则气结'，并无良药，但如果心情愉快，笑口常开，气则疏结通达，便能不治而愈。"巡按大人恍然大悟，连连道谢。

2. 以悲胜怒疗法

发怒是人们的欲望和需求受到遏抑，郁怒之火向外发泄的一种表现。这里运用的是"悲则气消"的原理，它是指使盛怒者产生悲哀、恻隐之心用以收摄其怒气，使其体内气机得以平衡，以利于身心康复。

《三国演义》中"三气周瑜"的故事家喻户晓，一气周瑜：诸葛亮抢先拿下荆州。二气周瑜：诸葛亮用计使周瑜"赔了夫人又折兵"。三气周瑜：周瑜向刘备讨还荆州不利，又率兵攻打失败，周瑜一怒叹道"既生瑜，何生亮"后吐血而亡。

这个故事中，诸葛亮深知周瑜气量小，略施小计三气激怒，而致暴怒伤肝，肝气上逆喷血而去。假若此时周瑜家出现悲伤之事，也许周瑜不会英年早逝。

3. 以怒胜思疗法

思虑过度则可导致气结，忧愁不解容易意志消沉，过于惊恐会胆虚气怯，等等，运用"怒则气上"的原理，适当发怒可治愈上述那些阴性的情志病变，使阴阳气血平衡，可以恢复心脾神气的功能。

太守忧虑过度，大病不治，家人延请华佗，华佗诊断后故意索要重金才肯治疗。太守家人无奈付出重金，谁知华佗一拖再拖，最后竟不辞而别，留下书信一封大骂太守。太守大怒，立刻派人追捕华佗。太守的儿子知道华佗用意，暗暗叮嘱家人不要去抓华佗。太守听说抓不到华佗，更加怒气冲天，一气之下，呕出几口黑血。不想这一呕，病反而好了。

4. 以思胜恐疗法

恐是一种胆怯惧怕的心理。"思则气结"的原理，当人恐惧时，可以引导病人对有关事物进行思考，治疗因惊恐导致的形神不安。思考能够收敛涣散之神气，调控情志平衡，促进心身康复。这与西方的认知疗法有类似之处。

5. 以恐胜喜疗法

喜可以缓解紧张情绪,但喜乐过极则损伤心神,导致心的病变。运用"恐则气下"的原理,面对狂喜之人以适当的手段,使其产生恐惧心理,收敛耗散的心神,以助于恢复心神。

清代名医徐灵治疗新中状元因喜伤心的病,也是采取以恐胜喜法。徐对他说:"病不可为也,七日必死。"那状元受了惊吓,冷静下来,过喜之情得到缓解,只七天病就好了。

以情胜情疗法经过千百年的实践,被证明是行之有效的情绪转移法。遭遇不良情绪时,不妨利用以情胜情法转移心理困境,调理、平衡阴阳,达到身心健康的目的。但要注意具体问题具体分析,不能生搬硬套,否则只会增加新的不良刺激。《内经》中有句话说得好"精神内守,病安从来",只有正确对待生活,理智从容地对待身边的人和事,才能保持一个良好的心态,健康长寿。

给情绪注满鲜活的泉水

很多人都曾有过这样的感觉:曾经得之不易、充满挑战的工作变得寡然无味,毫无乐趣;曾经心心念念、形影不离的爱人再也激不起情感的涟漪,当初的悸动消失得无影无踪;就连曾经最热衷的娱乐活动也不能带来当初的那份快乐。

这就是心理学上的"情绪枯竭",情绪枯竭产生于心理饱和。"心理饱和"则是指人心理的承受力到了临界值,不能再承受任何的情绪,就是人们常说的厌烦。认为自己所有的情绪资源都已耗尽,情绪的感觉已经干枯,非常疲惫。

心理饱和现象随处可见,且多为负面效应。

在工作中表现为工作压力大,缺乏热情、动力和创新能力,容易产生挫折感、紧张感，甚至对工作有抵触情绪。这是由于长期处于高压的工作环境中，巨大的工作量和高度的重复性，使人对工作产生了机械性反应，很多职场白领都有这种状态，这很容易导致情绪枯竭。目前，世界各国都把情绪枯竭作为工作倦怠的第一大表现和诱因。如前面提到的工作热情因每天的重复而逐渐减少。

爱情也会饱和，婚后夫妻二人天天厮守，从新鲜到平淡，神秘感一点点地消失，生活慢慢变得平淡乏味，于是彼此开始厌倦，言语不合而互相伤害，甚至由于内心空虚而发展了婚外情。那些目标高远的完美主义者、工作狂最容易出现这种问题，他们目标感强，精力旺盛，取得的成就多，自信心很强，但过分投入就容易心理饱和。明星看上去风光无限，时刻吸引众人目光，但无休止的演出、应酬、宣传也耗尽了那份对艺术的热爱，于是开始厌倦，不再小心翼翼地顾及形象，负面报道铺天盖地，等等，这些都是心理过于饱和的表现。

心理饱和是一种危害很大的心理困境，会吞噬人们的精力与热情，让人失去继续奋斗的动力，生活的目标也被其抹杀，对自身的身心健康产生威胁。

那么，如何摆脱这种困境呢？

对于情绪枯竭者，可以采用多种情绪转移法。例如，当开始厌倦每天重复性的工作时，可以依据性格和爱好，来充实自己的业余生活，比如说看电影、散步、游泳、旅游、读书等，转移注意力，缓解厌烦情绪，从而避免产生单调、消极的情绪。除此以外，还可以主动寻找工作中新的挑战和乐趣，这需要完全进入工作状态之后才会体验到，相比一些业余的兴趣更能培养职业情感，预防心理饱和。

如同在一间漆黑的屋子里，什么都看不到，让人恐惧，也让人无奈。这时候如果有阳光照射进来，一切都会明朗。情绪转移就是那束射进漆黑房间的阳光，将积极的、健康的正面情绪带进来，减弱和消除原有的负面情绪，从而恢复与平衡其内心的情绪能量。

化解情绪枯竭需要很多办法协同配合，才能发挥出最好的效果。要寻找多种不良情绪的宣泄途径，积极培养生活乐趣，不断引进新鲜、积极的外界刺激，彻底远离情绪枯竭的烦恼。

疲惫时，和工作暂时告别

如果用一个字来形容现在的生活，你会选择哪个？大部分人选择了"忙"和"累"。社会发展的脚步越来越快，竞争也越来越激烈，这让很多人情绪负荷超标。当我们遇到这种情况时应该怎么办呢？小孩子会很干脆地回答"休息啊"，这时家长就会在一旁苦笑：休息，谁来赚钱？没有钱吃什么、喝什么？但是仔细想想，孩子的话并没有错，累了当然要休息。

从前在浩渺的大西洋中有一座小岛，小岛不大，但是差不多位于大洋中心。这个小岛是很多候鸟迁移时的中转站，是候鸟群们疲倦时休息的落脚点。在这里，它们稍稍休息，摆脱旅途中的疲惫，积蓄力量重新踏上征途。

鸟儿们寻找的是一个可以释放自己疲惫的"安全岛"，当你情绪负荷过重的时候，你找过自己的"安全岛"吗？环视一下，大家下班愈来愈晚，回家愈来愈晚，不停地加班加点，不但身体上受不了，情绪也很低落。夜深了终于可以好好休息一下，但是天亮以后又要开始循环，周而复始。

大家都知道，现在电脑是我们最亲密的伙伴，有的人跟电脑在一起的时间比跟恋人在一起的时间还长。可曾想过电脑也很累，早上开机开始工作，午饭时还要担任联络员，下午继续工作，晚上遇到加班还要奋战，就这样白天黑夜超负荷运转，没有休息的时间。但是它一旦死机，恐怕就得更新换代了。机器尚且这样，更何况人的血肉之躯呢？

俗话说："不会休息的人就不会工作。"每天不知疲倦地工作，效率并不一定高，长期下去疲惫的心灵和身体反而可能拖累了你，身体素质下降，生活质量也会随之下降。累了就休息，要学会享受生活，具体可以从以下几方面入手：

1. 不要事事追求完美

维纳斯的雕像有一双断臂，这样的瑕疵也是一种美，而且正是这种残缺的美深深地打动了人们。生活中因为刻意追求完美而让自己处于紧张的状态是完全没有必要的。试想每天把自己绷得像一根橡皮筋，时间长了，它也就不再有弹性。

要接受人生的不完满。完美是一种理想的状态，是闪闪发光的金字塔的最顶端，是每个人追求的目标，有了它，生活才充满希望。事事都完美了，生活就没有意义了，因此大家应该允许不完美的存在，那说明生活还有发展的空间、进步的潜力。

2. 要懂得舍得

舍得，舍得，有舍才会有得，不去舍弃一些东西，怎么会得到更多？有些人得失心太重，想要的东西太多，以至于完全没有意识到自己的身体亮了红灯，情绪已经病态。

眼光要长远一些，不必太过计较得失，如果累了、倦了，这一单生意不做了，给自己放个假，出去玩玩，回来后以更加饱满的精神和昂扬的斗志投入到工作中去，收获未必会小。

3. 学会忙里偷闲

当工作成为一种习惯，我们想要抽身离开，休息一会儿也并非易事。这个时候就要强迫自己出去散散心，看看错过的春华秋实；听听音乐，洗涤一下心灵；又或者享受一顿美食。暂时把自己从繁忙的事务中解脱出来，感受一下另一种气息，也许你会有新的发现，也许蓦然回首时那个萦绕在你心头的问题已经有了解决的方法。

学会从繁忙的工作中抽身，也就大大减小了情绪疾病产生的可能性。有的时候，休息和工作之间并不矛盾，懂得休息，才能以更加饱满的精神面对工作，你的工作效率才会高。

不要死钻牛角尖

从小我们就懂得"滴水穿石""绳锯木断"的道理，它们无一不在说明坚持不懈带来的成功，那些"半途而废"的行为让人唾弃，为人不齿。然而生活中有些事情就需要我们"半途而废"，因为过度偏执，太钻牛角尖，就会产生情绪问题。不钻牛角尖就是不让我们固守一成不变的东西，及时从不好的状态与情绪中走出来，这也是人生应该掌握的改变固执的智慧。

从前，村庄里有一位对上帝非常虔诚的牧师，40年来，他照管着教区所有的人，施行洗礼，举办葬礼、婚礼，抚慰病人和孤寡老人，是一个典型的圣人。有一天下起雨来，倾盆大雨连续不停地下了20天，水位高涨，迫使老牧师爬上了教堂的屋顶。正当他在那里浑身颤抖时，突然有个人划船过来，对他说道："神父，快上来，我把你带到高地。"

牧师看了看他，回答道："我一直按照上帝的旨意做事，我真诚地相信上帝，因为我是上帝的仆人，因此你可以驾船离开，我将停留在这里，上帝会救我的。"

那人划着船离去了。两天之后，水位涨得更高，老牧师紧紧地抱着教堂的塔顶，水在他的周围打着转。这时，一架直升机来了，飞行员对他喊道："神父，快点，我放下吊架，你把吊带安在身上，我们将把你带到安全地带。"对此，老牧师回答道："不，不。"他又一次讲述了他一生的工作和他对上帝的信仰。这样，直升机也离去了，几个小时之后，老牧师被水冲走，淹死了。

因为是一个好人，他直接升入天堂。他对自己最后的遭遇颇为愤怒，来到天堂时，情绪很不好。他气冲冲地在天堂中走着，突然间碰到了上帝，上帝说道："麦克唐纳神父欢迎你！"老神父凝视着上帝，说："40年来，我遵照你的旨意做事，有过之而无不及，但当我最需要你的时候，你却让我被大水淹死了。"

上帝微笑着说："哦！神父，请原谅，我确信我派去了一条船和一架直升机去救你，是你的偏执害了你。"

的确，偏执者坚持己见，缺乏变通的智慧和情绪调节的能力，因而常常正邪不分，忠奸不辨。

有一个大学生，爱上了他的一个女老师。这个女老师虽说只有30来岁，可结婚已经两年了。所以，这个学生对她的爱，应该说，无论如何是没有希望的。

可是，这个学生却十分热着于自己的这种所谓的爱情，不顾一切地追求这位女老师，又写情书、又送鲜花，还跑到她家里去，弄得她十分恼怒。后来女老师的丈夫知道了，狠狠教训了他一通。可是，他还是不知回头，依然写情书、送鲜花，痴情不断，火热得像个不怕牺牲的斗士，一直闹到神经错乱，被送进精神病院为止。

这个大学生的这种执着，就是一种死钻牛角尖的偏执。

偏执心理是一种病症，患上这种病的人，往往走极端，不回头，还自以为是，分明是自己做错了，却总觉得是别人不对；当自己不能和别人取得一致意见时，从来不反思自己的过错，而总是去探究别人做错了什么。

所以，生活中一定要学会变通，不要一味地坚持自己认为正确的道路，有时换一个方向，生活会更美好，天地会更开阔。

唱歌也能疏解情绪压力

娱乐是非常好的情绪转移方式，卡拉 OK 就是其中的一种。

现在 KTV 店越开越多，很多人在周末消遣的时候，都会约上三五个朋友，到 KTV 店里高歌一曲。"K 歌"已经成为许多人排解负面情绪、消磨时间、交友娱乐的首选方法。

卡拉 OK 的风靡也与快节奏的生活紧密相关。在快节奏的生活环境下，身在职场的人们越来越感到工作压力大，很大一部分人为工作所累。但是工作是生活的一部分，工作也是为了更好地生活，于是"努力工作，尽情享受"的理念也得到很多人的认同和倡导。

在 KTV 里，卡拉 OK 可以提供很多种的娱乐方式，让每个人都能从音乐的感染力中得到快乐，而且唱歌时经常采用腹式呼吸，这能促进神经兴奋，有助于缓解紧张情绪。另外，中国古代"沉默是金"的文化氛围影响了亚洲各国，或许亚洲人由于礼节约束很少宣泄负面情绪。而 K 歌以歌曲为由头，又有酒水相伴，很适合缓解胸中的郁结。可以说，KTV 的高歌不仅仅是一种娱乐手段，更是众多人的心理发泄手段。

除了 KTV，当下人们的娱乐方式也是多种多样，如打高尔夫球、游泳、做瑜伽、旅游，等等。这些活动不仅能帮助你缓解工作的压力，还能促使你养成健康、平衡的生活习惯，促进你的个人成长和能力发展，从而提高你的生活品质和工作效率。更重要的是，这样还能培养自己积极的人生态度，把工作当作快乐的生活过程。

人们常说，如果你没有时间休息，就一定有时间看医生。休息、娱乐也是保证身体健康运行的必要条件，完全可以把自己的业余活动当作本职工作一样认真对待，拿出足够的时间用在它们上面，如此便可保持一种放松、积极的状态。事业上过度的劳累和紧张，不仅不能让自己保持高效明智的状态，而且还会拖垮工作激情，使自己处于工作疲惫期。张弛有度的生活态度应该提倡和鼓励。可以每周腾出一定的时间去消遣、娱乐，放松地享受生活。特别是在事业遭到瓶颈的时候，娱乐活动是帮助自己疏解心中郁结、转移负面情绪的有效方法。

平衡的情绪才能造就幸福的生活。虽然职业或事业在大多数人的生活中占有很大的比重，但是在生活有规律的基础上，留出时间与朋友和家人相聚、参加健身运动、丰富精神生活、发展自我也同样重要。写时间日记，能看清楚自己的时间如何失衡地分配，也能让自己明白生活究竟在哪里失去了平衡。如果对自己过去的生活状态不清楚，那将很难掌握或调整生活的天平。

不要等情绪敲响警钟，再去花钱找心理医生解决，不妨现在就放下恼人的工作，花一些时间在娱乐休闲上，而后带着激情重新投入工作。

第四篇

改变自己的情绪

　　人的情绪处于不断变化的状态，掌控情绪之前先要了解我们自身的情绪模式，关注自己的内心世界，学会寻找生活中点点滴滴的幸福和感动，从而摆脱消极情绪，不要让你的消极情绪波及周围的人。

第一章　打开心结，肯定自己——驱除自卑

正确认识自己

"请尽快回答 10 次，我是谁？"一个看似简单却又难以回答的问题，让很多人陷入沉思："我是谁？我是一个什么样的人？我应该做一个怎样的人？""认识你自己"这句古希腊时就刻在神庙上的名言，至今仍有警示意义。许多人正是由于对自己没有一个清醒的认识，所以他们更容易自卑。

拿破仑·希尔认为，随着科学技术的日益发展，我们不断地了解着未知世界，可我们对自身的探索却始终滞足不前。正确地认识自己，才能认识整个世界，也才能接受世间的一切。我们经常企图通过别人的评价来认识自己，可是，无论别人的推心置腹显得多么明智、多么美好，从事物本身的性质来讲，自己应当是自己最好的知己。

如果我们仅仅依靠着别人的评价，来建造一个虚拟的自我，那么你的情绪会经常处于波动中。每个人眼中的你都是不同的，甚至换一身衣服，他们就会对你有不同的评价，但是如果你的情绪随着不同的评价而忽高忽低的话，这样发展下去是非常危险的。

认清自己的真面目，首先要了解自己的长处和短处，并根据自己的特长来设计自己，量力而行，根据自己周围的环境、条件，

自己的才能、素质、兴趣等，确定前进方向，你就会在某一方面有所成就。所以，每个人都应该正确认识自己的真面目，并坚信"天生我材必有用"。

有这样一则寓言故事：

早晨，一只山羊在栅栏外徘徊，想吃栅栏内的白菜，可是它觉得自己进不去。因为早晨太阳是斜照的，所以山羊看到自己的影子很长很长。"我如此高大，一定能吃到树上的果子，不吃这白菜又有什么关系呢？"它对自己说。

于是，它奔向远处的一片果园。还没到达果园，已是正午，太阳照在头上。这时，山羊的影子变成了很小的一团。"唉，我这么矮小，是吃不到树上的果子的，还是回去吃白菜吧。"它对自己说，片刻又十分自信地说："凭我这身材，钻进栅栏是没有问题的。"

于是，它又往回奔跑。跑回栅栏外时，太阳已经偏西，它的影子重新变得很长很长。

此时山羊很惊讶："我为什么要回来呢？凭我这么高大的个子，吃树上的果子简直是太容易了！"山羊又返了回去，就这样，直到黑夜来临，山羊仍旧饿着肚子。

这则寓言故事看似可笑，却为我们揭示了一个深刻的道理：不能正确认识自我是很多人产生自卑情绪的原因。其实，正确认识自我最重要的一点，就是要认清自己的能力，知道自己适合做什么、不适合做什么，长处是什么、短处是什么，从而做到有自知之明，最后在社会中找到自己恰当的位置。

许多人谈论某位企业家、某位世界冠军、某位著名电影明星时，总是赞不绝口，可是一联系到自己，便一声长叹："我永远不能成才！"他们认为自己没有能力，不会有出人头地的机会，理由是：生来比别人笨，没有高级文凭，没有好的运气，缺乏可依赖的社会关系，没有资金，等等。其实，人生最大的难题莫过于：认识你自己！

那么，怎样才能真正认识到自己的真面目呢？

1. 在比较中认识自我

想要了解自己，与别人相比较，是一种最简便、有效的途径。每当我们需要反躬自问"我在某方面的情况怎样"时，就会很自然地使用这种方法来判定自己的位置与形象。我们除了要不时和四周的人相比较，还会经常与某些理想的标准相比较。把他们作为比较的对象，以自己能否达到跟他们同样的标准作为成功或失败的衡量尺度。

2. 从交往态度中反馈自我

一个人总是需要跟别人交往、共处的。因而别人对你的态度，相当于一面镜子，可以观测到自身的一些情况。我们因为看不见自己的面貌，就得照镜子；同样，当我们无法准确地衡量自己的人格品质和行为时，就得利用别人对我们的态度和反应，来进行自我判断。一般说来，当对方与自己的关系愈密切时，他的态度也愈有影响力。

3. 用实际成果检验自我

除了根据别人对自己的态度，以及与别人相比较的结果之外，我们还可以凭借本身实际工作的成果来评定自己。由于这种方法有比较客观的事实作为依据，所以通常因此而建立的自我印象也是比较正确的。这里所指的工作是广义的，并不仅限于课业或生产性的行为。由于每个人所具有的才能互不相同，如果只是看他们在少数项目上的成就，往往不能全面地衡量一个人的才能，有些时候，一部分人的某些才能或许因得不到施展的机会而被淹没。

但是，在认识自我的过程中，必须寻找一些信得过的证据，否则将所有人、所有事都作为自己的参照系，最后还是会得到一个不稳定的自我认识。一旦我们形成自我认识，就要自信一些，这样，自卑情绪才不会见缝插针影响我们的情绪。

内心不要残留失败的伤疤

自卑的人，一遇到失败，就会全面否定自己，结果是对什么都不感兴趣，忧郁、烦恼、焦虑便纷至沓来。倘若遇到更大的困难或者挫折，更是长吁短叹，消沉绝望。失败本身已经是伤害，再因为失败而让自己情绪失衡，是一种非常不理智的做法。

一位父亲带着儿子去参观凡·高故居，在看过那张小木床及裂了口的皮鞋之后，儿子问父亲：“凡·高不是位百万富翁吗？”父亲答：“凡·高是位连妻子都没娶上的穷人。”

第二年，这位父亲带儿子去丹麦，在安徒生的故居前，儿子又困惑地问：“爸爸，安徒生不是生活在皇宫里吗？”父亲答：“安徒生是位鞋匠的儿子，他就生活在这栋阁楼里。”

这位父亲是一个水手，他每年往来于大西洋各个港口；儿子叫伊东·布拉格，是美国历史上第一位获普利策奖的黑人记者。20年后，在回忆童年时，伊东·布拉格说：“那时我们家很穷，父母都靠卖苦力为生。有很长一段时间，我一直认为像我们这样地位卑微的人是不可能有什么出息的。好在父亲让我认识了凡·高和安徒生，这两个人告诉我，上帝没有轻看卑微。”

案例中，儿子在父亲的鼓励下，抛弃了因卑微而产生的情绪压力。确实，上帝是公平的，他把机会放到了每个人面前，任何人都有同样多的机会。

失败是人生不可避免的事情，每个人都可能会失败，所以千万不要责怪自己。总是觉得自己不如别人，甚至觉得自己很蠢笨，其实这些想法都是错误的。世界上没有笨蛋，只有沉睡的天才，或许你不擅长与人交流，但你有良好的写作能力，也许你现在不优秀，但是这并不代表你将来也不优秀。

自卑是人的自我意识的一种表现。自卑的人往往会不切实际地低估自己的能力，他们只看到自己的缺陷，而看不到自己的长处。

长期生活在自卑之中的人，情绪低沉，郁郁寡欢，常因失败而害怕别人看不起自己而不愿与人来往，只想与人疏远，缺少朋友，顾影自怜，甚至内疚、自责；自卑的人，缺乏自信，优柔寡断，毫无竞争意识，抓不住稍纵即逝的各种机会，享受不到成功的乐趣；自卑的人，常感疲惫，心灰意懒，注意力不集中，工作没有效率，缺少生活情趣。

如果一个人总是沉迷在自卑的阴影中，那无异于给自己套上了无形的枷锁。自卑，就像在心底扎下木桩，让自己的心灵沉重不堪，也阻碍了心灵与世界的沟通。但是如果你认清了自己并相信自己，拔掉心底的木桩，换个角度看待周围的世界和自己的困境，那么许多问题就会迎刃而解。

具有自卑心理的人，会因为失败而放大自身的缺点和不足，自己没有一个闪光点。事实上，这样的想法是极其荒谬的。这个世界上没有毫无优点的人：成绩不够好的人，也许歌唱得很好；不够聪明的人，也许心地善良；你也许数学不好，可是却能写出很好的文章；你相貌不出众，可你人缘很好……要知道，人人都经历过失败，每个人的内心深处都残留着过去失败所留下的伤疤。懂得了这一点，我们就不应该再把自己破裂的伤口看得那么严重；相反，我们应该正确认识自己，以客观的态度来看待自己的失败。

适当收起你的敏感

敏感，在心理学上又称感知敏锐。适度敏感是正常的，尤其是正处于自我意识蓬勃阶段的人，对外界的刺激更加敏感，这是非常普遍的性格特征。但是，有些人却会因过度敏感而产生自卑情绪。

过度敏感的人的感情比较脆弱，别人不经意的一个动作或者一句话，往往就会引起他们的过分恐慌与不安。过度敏感的人都有一种自贬自责的倾向，一个小小的挫折都会引起内心的躁动，随即开始怀疑自己的能力，进而变得自卑。于是，认为所有外界的批评都是有道理的、应该的，一切都是自己的错，换一句话就是：自己没有一个优点，太过平庸，很愚蠢，等等。

这天，乔治敲开了布鲁克教授的门。原来，乔治在为自己的敏感而苦恼。

乔治告诉教授，念初中时，他就是一个性格内向、沉默寡言的人，不喜欢与别人沟通。这种变化持续到后来，乔治发现自己越来越敏感，很在乎别人的评价，对别人的每一句话他都会进行揣摩。前段时间，乔治所在的班级进行了班委选举，乔治落选了，这让他痛苦万分。接下来的几天他心情都很抑郁，只要一看到同学聚在一起，就觉得他们是在议论自己。有同学微笑着对他说："加油哦，大明星，下回你一定能选上！"这寻常的鼓励，在乔治听来，竟有讽刺挖苦的味道。

引起乔治敏感困惑的原因是什么？心理学家指出，引发人们这种过度敏感的原因在于：一些人生性脆弱，疑虑心重，经受不住打击，往往细小的刺激就会引起紧张的情绪；在早期体验上，这些人受到父母的过度呵护，没有学会积极的心理保护意识和方法；同时，在个性特点上，他们还没有养成宽容的气度，喜欢斤斤计较、钻牛角尖等。

人是有感情的动物，有时会因别人的言语受到伤害。但是，是否被伤害最终取决于自己，如果自己总是控制不住冲动，容易感觉受到伤害，那很可能就是过度敏感。

心理过于敏感，会导致人们变得自卑，并且承受能力差，微小的刺激（一句平常的话，一个平常的小动作，一个平常的眼神）就能引起内心严重的不安，会过得十分痛苦，终日生活在"防御"状态之下。要及时克服极度的敏感，不妨从以下几个方面着手：

1. 要勇敢迎接别人的眼光

在生活中，很多人习惯以别人的评价为转移，这种人长期跟着别人转，久而久之就会养成过分敏感的性格。因此，要避免这种"过敏心理"。如果别人以异样的眼光盯着你时，你不必局促不安，也不必神情窘迫，唯一的办法是——用你的眼波接住对方的眼波，久而久之，你就会发现自己就是自己，可以自如地生活在千万双眼睛织成的人生网格里。

2. 要正确地认识自己，不断地充实自己

要知道，我们每个人都是不可替代的，但也没有一个人能事事出人头地。因此，我们要有从大处着想的胸怀，敢于公开自己的优缺点，而不要尽力去遮掩，要有"走自己的路，让别人说去吧"的勇气。有优点敢于适时发扬，有缺点敢于改正，不断往好的方向发展，不断充实自己。

3. 多参加集体娱乐活动或读读自己感兴趣的书籍

当有"敏感"干扰时，可以用松弛身心的办法来对付。要学会自我暗示，转移注意力，如转移话题、有意避开现场等。坚持进行体育锻炼，也有助于防止"心理过敏"。

生活中，敏感的人经常为小事苦恼，遇到小事容易反复去想。对于一些小事，别太过分敏感，当你调低自己的敏感值之后，自卑的情绪也就远离你了。

不要认为自己不可能

我们的能量来自于自然的赐予，而自然对于我们来说，仍是一个未知数。无法认识自然，也就无法知道我们自己的潜能。简而言之，"自己不可能知道自己的能力"，这才是真理。

人的一生中所有事情只有亲自经历才能下结论，既然如此，任何事情都"非做做看不可，否则不能说不能"。除了"做"之外，别无其他方法，如果做都没做，就提出能或不能的概念，这就是一个人精神虚弱的表现。

很多人都拿自己的经验来做论证："这件事我做不了。"但经验并不是真理，有时还具有欺骗性。人必须遭遇未知的体验，才能发掘其潜能，所以生存的真正喜悦在于经常能够发现自己未曾自知的新力量，并惊讶地说出"原来我竟具有这种力量"。

美国作家杰克·伦敦的著作《热爱生命》中有一段关于人与狼搏斗的精彩片段："那只狼始终跟在他后面，不断地咳嗽和哮喘。他的膝盖已经和他的脚一样鲜血淋漓，尽管他撕下了身上的衬衫来垫膝盖，他背后的苔藓和岩石上仍然留下了一路血渍。有一次，他回头看见病狼正饿得发慌地舔着他的血渍，他不由得清清楚楚地看到了自己可能遭到的结局，除非他干掉这只狼。于是，一幕从来没有演出过的残酷的求生悲剧开始了：病人一路爬着，病狼一路跛行着，两个生命就这样在荒原里拖着垂死的躯壳，相互猎取着对方的生命……靠着顽强的求生欲望，他最终用牙齿咬死了狼，喝了狼血，活了下来。"

有人说，人们在通常情况下只发挥出了个人能力的 1/10，而在受到了重大的挫折和刺激之后，才能将大部分或者全部隐藏的能力爆发出来。所以，在我们的生活中，我们常常看到一些过去碌碌无为的人，在经历了一些生活的苦痛和精神上的折磨之后，会突然爆发出很大的潜能，做出很多让人意想不到的事情来，可见，人并不是"不可能"，而是没有发现自己的能力而已。

自信所产生的力量是强大的。如果你充满了自信，就不会总说"我不能"，你身上的所有力量就会紧密团结起来，帮助你实现理想，因为精力总是跟随你确定的理想走。一定要对自己有一种卓越的自信，一定要相信"天生我材必有用"。如果你坚持不懈地努力达到最高要求，那么，由此而产生的动力就会帮助你摘去"我不能"的精神虚弱者的面具。

关于信心的威力，并没有什么神秘可言。信心在一个人成就事业的过程中是这样起作用的：相信"我确实能做到"时，便产生了能力、技巧与精力这些必备条件，即每当你相信"我能做到"时，自然就会想出"如何去做"的方法。

一位撑杆跳选手，一直苦于无法超越一个高度。他失望地对教练说："我实在是跳不过去。"教练问："你心里在想什么？"他说："我一冲到起跳线时，看到那个高度，就觉得我跳不过去。"教练告诉他："你一定可以跳过去。把你的心从竿上撑过去，你的身子就一定会跟着过去。"他撑起竿又跳了一次，果然一跃而过。

我们每个人都是一个撑杆跳选手，而我们一次次跳过的是"我不能"的精神障碍。相信自己有能力做好身边的每一件事，只有树立这样的信心，才可以走出消极心理的圈子，走上成功之路。

　　当自己不再相信自己，将自己的勇气和信心都锁进心门里的时候，我们就永远不能实现自己的梦想了。所以，想要人生按照自己设定的方向行走，想要生命中所有的潜能都爆发出来，就要敢于突破心中的枷锁、突破自我。

　　在这个世界上没有什么不可能，只要我们敢想、敢去闯，只要我们有智慧、有毅力，有让人敬重的品质，那些令人望而生畏的"不可能"也会被我们彻底征服。

　　在这个世界上，没有什么是不可能做到的。世界上有很多事，只要你去做，你就能成功。首先，你要在思想上突破"不可能"这个禁锢，然后从行动上开始向"不可能"挑战，这样你才能够将"不可能"变成"可能"。

　　成功学导师爱默生说："相信自己能，便会攻无不克……不能每天超越一个恐惧，便从未学会生命的第一课。"

　　很多人的"我不能"并非客观上的原因，而是因为自卑而贬低了自己的能力，才使得自己变得无精打采、毫无斗志。这些人夸大了自己身上的缺点。

　　如果你认为自己满身是缺点；如果你认为自己是一个笨拙的人，是一个不幸的人；如果你承认自己绝不能取得其他人所能取得的成就，那么，你只会因为自卑而失败。通常，一个人做事情最大的敌人就是自卑。

　　成功的字典里没有"我不能"，经常告诉自己"我能"，就会在心里形成一种积极的暗示，很多看似超越自身能力所及的事情也可以迎刃而解。

第二章 减压，让生活更轻松——清除焦虑

现代人的"焦虑之源"

在现代社会，生活节奏越来越快，各种压力纷至沓来：来自考试升学的压力，来自就业的压力，来自职场中的压力，来自恋人的压力，来自父母的压力，来自子女的压力，来自房子、车子与更高级的毕业证书的压力，来自疾病的压力……面对众多的压力，很多人难以控制自己的情绪，结果不仅在众人面前情绪崩溃，言行不受控制，还给周围的人带来恶劣的影响。

快节奏的生活给现代人的情绪带来了恶劣的影响，你肯定也有过这样的体会：莫名其妙地发脾气、内心烦躁，看什么都不舒服；出门在外的时候，看旁边两个人有说有笑就生气；别人不小心踩了你的脚，你就像找到发泄的机会一样，跟人大吵一架。其实，这些负面情绪都是压力带给你的，当压力越来越大，你的情绪就越来越差。然而，这还不是最可怕的，一旦压力超过了你的心理承受极限，大脑神经系统功能就会紊乱，出现烦躁、失眠、头痛、焦虑、心慌、胃部不适等精神症状和躯体症状，进而引发身体疾病。

陈先生是一家企业的营销主管，每年的销售任务都很重，同行业竞争又特别激烈。他说自己都快成"空中飞人"了，一个城市接一个城市地出差，没有节假日，有时候午饭都没时间坐下来吃，

常常是边走边吃边思考。最近他经常感到胸闷，刚开始没有太在意，后来，情况更加严重，出现气短、心跳加快、出虚汗等现象，到医院检查才知道患了冠心病。

生活中，像陈先生这样的人还有很多。由于工作节奏不断加快，人们身不由己地过着超速的日子，许多人在不知不觉中损害了自己的身心健康。人们不得不时时刻刻想着自己的工作，累了、倦了、病了也要坚持，因为他们害怕一旦慢下来、停下来就会被别人超越，那么以前的努力就付诸东流了。在这种思想的控制下，人的精神处于越来越紧张的状态。受压抑的感情冲突未能得到宣泄时，就会在肉体上出现疲劳症状，甚至引起心理的扭曲变态，导致心理疲劳。在此种情况下，一旦发生心理疲乏，势必造成精神上的崩溃。

长期从事快节奏工作的人身体会出现各种不适，例如，烦躁不安、精神倦怠、失眠多梦等神经症状，以及心悸、胸闷、筋骨酸痛、四肢乏力、腰酸腿痛和性功能障碍等其他症状，甚至可能引发高血压、冠心病、癌症等疾病。可以说，快节奏工作的人永远在寻找"奶酪"，但永远无法有充足的时间享受"奶酪"。

快节奏的生活，只会搞得自己身心疲惫，在忙乱劳碌中，日子一晃而过，没有机会和心情享受生活的乐趣，无法体味生活的和谐、宁静与幸福。

有人认为，发达国家生活节奏一定很快，其实不然。意大利有一个有名的"慢城市"布拉，那里的人们善于综合现代和传统生活中那些有利于提高生活质量的因素，生活得十分悠闲快乐而不懒散。

放慢生活的脚步，不要再做速度和效率的崇拜者和践行者。让自己不要那么忙，慢一点，去做那些自己想做却一直没有时间去做的事情，让自己在繁忙的都市里找到一片宁静的地方放松身心，休息过后，在快速与缓慢之间找到一种平衡，找回自己本身的节奏，让自己过上真正的生活。

别透支明天的烦恼

"过去与未来并不是'存在'的东西，而是'存在过'和'可能存在'的东西。唯一'存在'的是现在。"古希腊学者库里希坡斯曾如是说。过去的生活已经过去，要学会接受。明天还未到来，与其让明天的烦恼折磨我们，为此焦虑不安，不如用心地活出当下每一天的精彩。

当生命走向尽头的时候，你问自己一个问题：你对这一生觉得了无遗憾吗？你认为想做的事你都做了吗？你有没有发自内心地笑过、真正快乐过？

想想看，你这一生是怎么度过的：年轻的时候，你拼了命想挤进一流的大学；随后，你希望赶快毕业找一份好工作；接着，你迫不及待地结婚、生小孩；然后，你又整天盼望小孩快点儿长大，好减轻你的负担；后来，小孩长大了，你又恨不得赶快退休；最后，你真的退休了，不过，你也老得几乎连路都走不动了……这一辈子都在为明天的事情而焦虑着，身心得不到放松和自由，但是，在这种情绪的反复折磨下，未来的生活真的有所改善吗？

答案是没有，因为我们没有把时间放在解决问题上，而是不停地追赶生活，就像一列远行的火车，开车的是我们的焦虑情绪，而不是我们真实的心。

有个小和尚，每天早上负责清扫寺院里的落叶。

清晨起床扫落叶实在是一件苦差事，尤其在秋冬之际，每一次起风时，树叶总随风飞舞。每天早上都需要花费许多时间才能清扫完树叶，这让小和尚头痛不已，他一直想要找个好办法让自己轻松些。

后来有个和尚跟他说："你在明天打扫之前先用力摇树，把落叶统统摇下来，后天就可以不用扫落叶了。"小和尚觉得这是个好办法，于是隔天他起了个大早，使劲猛摇树，这样他就可以把今天跟明天的落叶一次扫干净了。一整天小和尚都非常开心。

第二天，小和尚到院子里一看，不禁呆住了，院子里如往日一样满地落叶。老和尚走了过来，对小和尚说："傻孩子，无论你今天怎么用力摇树，明天落叶还是会飘下来。"小和尚终于明白了，世上有很多事是无法提前的，唯有认真地活在当下，才是最真实的人生态度。

生活中，人们往往也有类似小和尚的想法，企图将人生的烦恼提前解决，以便将来过得更好、更自在。实际上，人生中很多事情只能循序渐进。过早地为将来担忧，反而会让自己眼下活得束手缚脚。因而，智者常劝世人"活在当下"。

所谓"当下"，指的就是现在正在做的事、待的地方、周围一起工作和生活的人。"活在当下"，就是要你把关注的焦点集中在这些人、事、物上面，全心全意认真去接纳、品尝、投入和体验这一切。

实际上，大多数人都无法专注于"现在"，他们总是若有所思，心不在焉，想着明天、明年，甚至想着下半辈子的事。假若你时时刻刻都将精力耗费在未知的未来，却对眼前的一切视若无睹，你永远也不会得到快乐。刻意去找快乐，往往找不到，让自己活在"现在"，全神贯注于周围的事物，快乐便会不请自来。或许人生的意义，不过是嗅嗅身旁每一朵绚丽的花，享受一路走来的点点滴滴的快乐而已。毕竟，昨日已成历史，明日尚不可知，只有"现在"才是上天赐予我们最好的礼物。

许多人喜欢预支明天的烦恼，想要早一步解决掉它们。其实，明天的烦恼，今天是无法解决的，焦虑也无济于事，每一天都有每一天的人生功课要交，先努力做好今天的功课再说。"怀着忧愁上床就等于背着包袱睡觉"哈里伯顿曾这样说。不为无法确知的烦恼忧愁，卸掉烦恼的包袱，用平常的心对待每一天，用感恩的心对待当下的生活，才能理解生活和快乐的真正含义。

学会让自己放轻松

200 年前，欧洲有一首民谣："我们背井离乡，为的是那小小的财富。"而现在，西方流行的观念是"过普通人的生活"。的确，拼命地工作挣钱，却没有时间和精力来享受安闲、舒适的生活，确是一件悲哀的事情。

在竞争越来越激烈、生活节奏越来越快、压力越来越大的现代社会中，要想生活得轻松自在一些，应该放松生命的弦，减轻自己的压力，清除自身的焦虑情绪，让金钱、地位、成就等追求让位于"普通人的生活"。

弗兰克是位生意人，赚了几百万美元，而且也存了相当多的钱。他在事业上虽然十分成功，但却一直未学会如何放松自己。他是位神经紧张、焦虑的生意人，并且把他职业上的紧张气氛从办公室带回了家里。

弗兰克下班回到家里在餐桌前坐下来，但心情十分烦躁不安，他心不在焉地敲敲桌面，差点被椅子绊倒。

这时候弗兰克的妻子走了进来，在餐桌前坐下。他打声招呼，便用手敲桌面，直到一名仆人把晚餐端上来为止。他很快地把东西吞下，他的两只手就像两把铲子，不断把眼前的晚餐一一铲进嘴中。

吃完晚餐后，弗兰克立刻起身走进起居室。起居室装饰得十分美丽，有一张长而漂亮的沙发，华丽的真皮椅子，地板上铺着高级地毯，墙上挂着名画。他把自己投进一张椅子中，几乎在同一时刻拿起一份报纸。他匆忙地翻了几页，急急瞄了一眼大字标题，然后，把报纸丢到地上，拿起一根雪茄，引燃后吸了两口，便把它放到烟灰缸里。

弗兰克不知道自己该怎么办。他突然跳了起来，走到电视机前，打开电视机。等到影像出现时，又很不耐烦地把它关掉。他大步走到客厅的衣架前，抓起他的帽子和外衣，走到屋外散步去了。

弗兰克这样子已有好几百次了，他没有经济上的困扰，他的家是室内装潢师的梦想，他拥有两部汽车，事事都有仆人服侍他——但他就是无法放松心情。不仅如此，他甚至忘掉了自己是谁。他为了争取成功与地位，已经付出他的全部时间，然而可悲的是，在赚钱的过程中，他却迷失了自己。

从故事中可以看出，弗兰克先生所有的症结就在于他的焦虑情绪，他繁乱的生活是因为他没有掌握放松自己的秘诀。

富兰克林·费尔德说过："成功与失败的分水岭可以用这么五个字来表达——我没有时间。"当你面对着沉重的工作任务感到精神与心情特别紧张和压抑的时候，不妨抽一点时间出去散心、休息，直至感到心情轻松后，再回到工作上来，这时你会发现自己的工作效率特别高。

只要你能在这个繁忙的世界中做到松弛神经，过得轻松愉快，你就是一个幸运者——你将会幸福无比。学会放松，就会让你拥有一个无悔的人生。

说出自身的焦虑

焦虑，是人在面临不利环境和条件时所产生的一种情绪抑制。它是一种沉重的精神压力，使人精神沮丧，身心疲惫。有的时候是我们把问题想得过于糟糕，本来一件很简单的事，我们却要思虑很久，设想各种结果，随着自己各种各样的怀疑、猜忌、担心，焦虑的情绪就难以避免了。其实人生真的没有那么多的事用来焦虑，只是我们放大了去看而已。

焦虑是一种过度忧愁和伤感的情绪体验。每个人都会有焦虑的时候，但如果是毫无原因的焦虑，或虽有原因，却不能自控，每天心事重重、愁眉苦脸，就属于心理性焦虑了。

焦虑会使人的容颜快速衰老，甚至对其健康产生很大威胁。所以说，过度焦虑不可取。凡事退一步想，不要耿耿于怀，焦虑就会减少。

总之焦虑是有百害而无一利的，那么我们需要做的就是大声地说出自己的焦虑，让焦虑的阴霾远离我们。

把心事说出来，这是波士顿医院所安排的课程中最主要的治疗方法。下面是我们在那个课程里所得到的一些概念，其实我们在家里就可以做到。

1. 准备一本"供给灵感"的剪贴簿

你可以在剪贴簿上贴上自己喜欢的能够给人带来鼓舞的诗篇，或是名人名言。今后，如果你感到精神颓丧，也许在这个本子里就可以找到治疗方法。在波士顿医院的很多病人都把这种剪贴簿保存好多年，他们说这等于是替你在精神上"打了一针"。

2. 要对你的邻居感兴趣

对那些和你在同一条街上共同生活的人保持兴趣，这样就没有孤独感了，你对邻居感兴趣，那么你会很快与他们成为朋友，随之而来的就是邻居的热情与关爱，最后，焦虑会不自觉地远离你。

3. 上床之前，先安排好明天工作的程序

很多家庭主妇都为忙不完的家事感到疲劳。她们好像永远做不完自己的工作，老是被时间赶来赶去。为了要治好这种焦虑，波士顿医院的医生们建议各个家庭主妇，在头一天就把第二天的工作安排好，结果呢？她们能完成很多的工作，却不会感到疲劳。同时还因为自己取得的成绩而感到非常骄傲，甚至还有时间休息和打扮。

4. 避免紧张和疲劳的唯一途径就是放松

再没有比紧张和疲劳更容易使你苍老的事了。也不会有别的事物对你的外表更有害了。如果你要消除焦虑，就必须放松。

当一些问题的确是超出了我们的能力所能解决的范围时，我们就需要乐观一些，就像杨柳承受风雨一样，我们也要承受无可避免的事实。哲学家威廉·詹姆士说："要乐于承认事情就是这样的情况。能够接受发生的事实，就是能克服随之而来的任何不幸的第一步。"

每个人都希望自己的生活过得一帆风顺，轻轻松松，简简单单，然而生活中却充满多种焦虑。例如，追求的失落，奋斗的挫折，情感的伤害，等等，都让我们的心灵背上了沉重的负荷。面对这样的焦虑，我们要适当地说出来，要想获得平和的心，最重要的方法就是注意为自己的心灵留出适当的空白，使自己的内心保持一定的余裕。

事实上，刻意地使心灵空白的确能有效地为人们带来心安的

感受。在这个过程中你可以将头脑中焦虑、不安、沉重、憎恶等不良情绪"清空",取而代之的是愉悦、安定、轻松、满足的心境。

总之,我们不要把焦虑隐藏在心中,要大声地说出来。许多人感到焦虑与不安时,总是深藏在心里,不肯坦白说出来。其实,这种办法是很愚蠢的。内心有焦虑烦恼,应该尽量坦白讲出来,这不但可以给自己从心理上找一条出路,而且有助于恢复理智,把不必要的焦虑除去,同时找出消除焦虑、抵抗恐惧的方法。

生活中不如意之事很多,只要你善于把握自我,控制好自己的情绪,说出焦虑,远离焦虑,自然就可以迎接阳光灿烂的每一天。

社会精英,谁动了你的健康

现在越来越多的人为了实现自我价值而拼命地工作,最后他们成了人人羡慕的社会精英。但是在羡慕背后,却藏着许多苦涩,焦虑情绪就是其中之一。许多社会精英都承受着别人想象不到的情绪压力,这些情绪压力直接影响到他们的身体健康,致使他们的生活不再如意,工作也不再顺心了。

2000年,36岁的王志国从政府机关辞职,只身来到北京,创办了一家律师事务所。那时候,他的家里刚刚贷款买了房,太太为照顾幼小的女儿,一直没有上班,他为了在北京站稳脚跟,半年时间,只是请客吃饭、交通住宿就花了6万多元。小案子不愿接,大案子也没有。不但没能挣到钱,而且一直往外投钱。

那是正常人无法体味的痛苦,王志国夜夜躺在床上,辗转反侧不能入睡。早上起床后,看见什么都想发脾气,双手不停地发抖,恶心,头痛欲裂。那时的他甚至想自杀。在外人眼里,王志国是一个硕士,有自己的公司,事业有成,家庭美满。但他不足40岁,却因为工作中遇到的一点儿挫折而痛苦不堪。

作为社会精英的王志国，由于自身的敏感以及长期的工作压力，整个人处于一种焦虑状态，这是"精英症"的典型表现。社会精英是指那种社会地位、受教育程度较高的人群。这一人群有以下明显的特征：

（1）事业心强，有成就感。

（2）有强烈的工作动机，勤奋地工作。

（3）对工作充满激情，似乎永远不知疲倦。

（4）很看重自己的声望，对自己要求严格，有很强的历史使命感。

（5）他们总是处于一种应激状态。

精英人群所具备的这些特征，对其工作和生活带来了严重的负面影响：

首先，生存压力很大。为了生活，他们拼命工作，不断自我加码，最后容易引发生命危机。

其次，受过高等教育的人往往比较敏感。当他们实际得到的和期望得到的、自己得到的和他人得到的之间存在很大差距时，就情绪失衡，容易愤怒，无名发火，这种属于表面愤怒，它的起因还是焦虑情绪。从身心健康的角度讲，焦虑情绪会进一步加重他们的心理负担，影响他们的身体健康。

再次，根据研究，长期处于压力状态下的人会经历"警觉"、"反抗"和"耗尽"三个阶段。这就是说应激精神状态可以导致身心疾病，甚至造成"过劳死"。

"过劳死"最简单的解释就是超过劳动强度而致死，是指"在非生理的劳动过程中，劳动者的正常工作规律和生活规律遭到破坏，体内疲劳淤积并向过劳状态转移，使血压升高、动脉硬化加剧，进而出现致命的状态"，而造成这种状况的根本原因，还是由于心理压力过大。

社会要发展，竞争在加剧，精英在社会中的作用、地位越来越重要，与此同时，社会精英的健康状况也越来越引起人们的关注。那么，究竟有没有好的办法来应对呢？专家建议：

（1）工作 1 小时就安排 15 分钟的体育活动，活动要达到心跳适当加快、微微出汗的效果。

（2）要多学习关于健康的知识，以利于形成健康的生活意识和方式。

（3）及时进行有针对性的体检，对存在的健康隐患及早处理，防患于未然。

为了生存，我们必须要面对各种各样的压力，这是无法改变的现实。但是，如果所有压力都被自己背起来，焦虑迟早会让你的生活亮起红灯。放下压力，赶走焦虑，我们就能享受健康的生活。

第三章　慢慢品味，快乐生活——摆脱疲劳

远离扰人的职业倦怠

一句被许多职业人所推崇的名言——"工作着才是美丽的"，曾在都市白领中流行一时。诚然，在工作的同时，人们不仅创造了更好的生存和生活条件，而且内心得到了满足。然而，职场上不会总是风调雨顺、阳光灿烂，尤其是当前我国正处在社会转型期，原有的价值观、成就观、幸福观等受到冲击，很多人对职业缺乏认同感、成就感，对生活缺乏信心和快乐。因而产生职业倦怠。

职业倦怠也可称为"职业枯竭"或"心理枯竭"，是一种常见的现代职业疾病。它是指个体无法应付外界超出个人能量和资源的过度要求而产生的生理、情绪情感、行为等方面的一种耗竭状态。根据国际标准，工作倦怠包括三个指标：情绪枯竭、玩世不恭和成就感低落。

情绪枯竭是指个人认为自己所有的情绪资源都已经耗尽，对工作缺乏动力，有挫折感、紧张感，甚至害怕工作。玩世不恭，指刻意与工作以及其他与工作相关的人员保持一定距离，对工作不热心、不投入，对自己的工作意义表示怀疑。成就感低落，是指个体对自身持有负面的评价，认为自己不能有效地胜任工作。根据这三个指标，可以将职业倦怠分为以下几种类型：

1. 压力型

在连续不断的业绩考核和生存压力下使神经濒于崩溃，想放弃工作又舍不得高薪的待遇或已经取得的成绩，结果神经长期处在紧张的压力中，对工作产生了厌恶感。

2. 挫折型

来自对目前职业的不满，如工作枯燥无味、工作条件太差、报酬太低、离家太远、工作时间太长、没有发展前途、同事关系难处、领导脾气太坏。

3. 平台型

当对一项工作已经熟练掌握、并且发现上升空间被限制的时候，厌职情绪由此袭来。

4. 情绪型

情绪型主要来自情绪的波动，多出现于女性职员中。如：沉湎于爱情、寄希望于男友的事业、家人需要照顾等，可以让女人产生厌职情绪。在这些情绪的影响下，即便她们没有马上提出离职，也降低了对职业发展的热情。

职业倦怠在生活中常表现为：超时工作、睡眠不足、压力巨大、健康负债，经常腰酸背痛、记忆力明显衰退。具体症状如：连续好几天都无法顺利入眠，失眠、多梦，也时常在恐惧中被惊醒，心中仿佛有块沉重的大石头压着；时常对着天花板发呆，脑中一片空白，没有心情去工作，而且觉得无所适从；对目前的工作产生极大厌恶感，并对同事有不满情绪，脾气暴躁，有一种快要崩溃的感觉。

长期处于职业倦怠状态，可能导致炎症，进而引起心血管疾病和其他与炎症相关的疾病。可以说，职业倦怠不但危害人们的身心健康，而且还会造成缺乏职业道德、消极怠工等职业危害，严重的还会破坏家庭和睦、社会稳定。如果发现自己开始有了职业倦怠的迹象，你应该早做准备，走出心理沼泽，下面有几点建议可供参考：

首先，正确看待工作。每个人都希望通过劳动实现自我价值，不断接受适度的挑战来给自己成就感。这是人类本能的心理需求。有一些人因为工作太少，或者工作太容易完成，觉得没有挑战性和新鲜感，不能充分体现自我价值，而对工作失去兴趣，只把工作当作获取财富的工具，使自己厌倦工作；而有的人则不断地加班，从起初的几个小时到整个周末，除了工作，几乎没有任何社交活动，时间一久，难免会对自己的工作产生反感。其实，成功并不全部来自办公室，如果把自己的爱好和业余活动当作本职工作一样认真对待，并同样引以为豪，就容易保持一种积极的态度，而不至于压力过大。

其次，学会了解自己。不少对职业倦怠的人，就像一群缺少设计图的盖房人，每天都在不断地堆砖头，却不知道自己在做什么，不知道要怎么盖，盖到何时完工。原本的热情就在搬砖过程中一点一滴流失，最后像行尸走肉般，一事无成。如果清楚自己的人生该往哪里去，知道要将自己打造成什么，即使一路走来颠簸失意，也不会因一时失落，觉得疲惫不堪、抱怨连连。对此，专家建议，当你开始对工作产生倦怠时，应该花点时间静下心来重新思索自己。思考自己要什么？擅长哪个领域？性格倾向于从事哪种类型的工作？这份工作可以发挥自己的特长吗？是自己努力不够还是被摆错了位置？

世界上没有一条不变的河流，太阳每天都是新的。要让自己对所从事的职业不感到倦怠，就要抗拒机械的"搬砖"心理，学会了解自己。

学会忙里偷闲，张弛有度

这是一个令人难以置信的事实：只劳心工作，并不会让人感到疲倦。英国著名的精神病理学家哈德菲尔德在其《权力心理学》一书中写道："大部分疲劳的原因源于精神因素，真正因生理消耗而产生的疲劳是很少的。"

著名精神病理学家布利尔更加肯定地说："健康状况良好而常坐着工作的人，他们的疲劳百分之百是由于心理的因素，或是我们所谓的情绪因素。"

那长期工作者存在的情绪因素是什么？喜悦？满足？当然不是！而是厌烦、不满，觉得自己无用、匆忙、焦虑、忧烦等。这些情绪因素会消耗掉这些长期坐着工作的人的精力，使他们容易精力减弱，每天带着头痛回家。不错，是我们的情绪在体内制造出紧张而使我们觉得疲倦。

为什么你在工作时会感到疲劳呢？著名精神病理分析家丹尼尔·乔塞林说："我发现症结在哪里了——几乎全世界的人都相信，工作认不认真，在于你是否有一种努力、辛劳的感觉，否则就不算做得好。"于是，当我们聚精会神的时候，总是皱着眉头，紧绷肩膀，我们要肌肉做出努力的动作，其实那与大脑的工作一点关系也没有。

大多数人不会随便地浪费自己的金钱，但是他们却在鲁莽地浪费自己的精力，这是一个令人难以置信却必须承认的事实，那么，什么才是解除精神疲劳的方法？要学会在工作的时候让自己放松。

古人云："一张一弛，乃文武之道。"人生也应该有张有弛，也应该忙里偷闲。人生就像根弦，太松了，弹不出优美的乐曲；太紧了，容易断。只有松紧合适，才能弹出舒缓优美的乐章。

　　休闲与工作并不矛盾。处理好二者的关系，最重要的是能拿得起，放得下。俗话说得好："磨刀不误砍柴工。"该工作的时候就好好工作，该休息放松的时候就玩个痛快。这样才能更好地工作，更好地生活。

　　工作、休闲应该合理搭配，劳逸结合。可以隔三差五地安排一个小节目，比如雨中散步、周末郊游、烛光晚餐等。适时的忙里偷闲，可以让人从烦躁、疲惫中及时摆脱出来，从而获得内心的平静和安详。

　　要养成一种松弛有道的习惯，以最佳的精神状态应对工作，当你进行每天的工作时，就会获得一种放松的状态，更加理性、有激情。每天都要练习一会儿，并"详细地记得"放松的感觉。回想你的手臂、腿、背、颈、脸等各处的感觉。想象自己躺在床上，或坐在摇椅上，这样会帮你仔细回想。默默地对自己说几次："我觉得愈来愈放松。"每天练习几次，你会惊奇地发现这样不仅能大大减少你的疲乏，还会提高你的办事能力，由于经常放松，你就可以清除干扰你的忧心、紧张和焦虑了。

　　要学会放松，你还可以试试下面的方法：

　　（1）随时保持轻松，让身体像只猫一样松弛。猫全身软绵绵的，就像泡湿的报纸。懂得一点瑜伽术的人也说过，要想精通"松弛术"，就要学学懒猫。

　　（2）工作的环境要尽量舒适轻松。记住，身体的紧张会导致肩痛和精神疲劳。

　　（3）每天对着镜子看。并且自问："我做事有没有讲求效率？有没有让肌肉做那不必要的劳作？"这样会使你养成一种自我放松的习惯。

　　（4）晚上回想自己的一天过得是否有意义。想想看："我感觉有多累？如果我觉得累了，那不是因为劳心的缘故，而是我工作的方法不对。"丹尼尔·乔塞林说过："我不以自己劳累的程度去衡量工作效率，而用不累的程度去衡量。"他还说："一到晚上觉得特别累或者容易发脾气，我就知道当天工作的质量不佳。"如果全世界的工作者都懂得这个道理，那么，因过度紧张所引起的高血压死亡率就会迅速下降，我们的精神病院和疗养院也不会人满为患了。

其实，不只是工作，做任何事情都一样，学会忙里偷闲，松弛有道。让自己不过于劳累，保持一个平和的心态，才能有更好的心情和活力去做事情。

尝试简约生活，别活得太累

你是否经常发现自己莫名其妙地陷入一种不安之中，而找不出合理的理由。面对生活，我们的内心会发出微弱的呼唤，只有躲开外在的嘈杂喧闹，静静聆听并听从它，你才会作出正确的选择，否则，你将在匆忙喧闹的生活中迷失，找不到真正的自我。

一些过高的期望其实并不能给你带来快乐，反而会一直左右我们的生活：拥有宽敞豪华的寓所；完美的婚姻；让孩子享受最好的教育，成为最有出息的人；努力工作以争取更高的社会地位；能买高档商品，穿名贵的皮衣；跟上流行的大潮，永不落伍。

要想过一种简单的生活，改变这些过高期望是很重要的。富裕奢华的生活需要付出巨大的代价，而且并不能给人带来幸福。如果我们降低对物质的需求，改变这种奢华的生活目标，我们将节省更多的时间充实自己。轻闲的生活将让人更加自信果敢，珍视人与人之间的情感，提高生活质量。幸福、快乐、轻松是简单生活追求的目标。这样的生活更能让人认识到生命的真谛。

生活需要简单来沉淀。跳出忙碌的圈子，丢掉过高的期望，走进自己的内心，认真地体验生活、享受生活，你会发现生活原本就是简单而富有乐趣的。简单生活不是忙碌的生活，也不是贫乏的生活，它只是一种不让自己迷失的方法，你可以因此抛弃那些纷繁而无意义的事情，全身心投入你的生活，体验生命的激情和至高境界。

一位专栏作家曾这样描述过一个美国普通上班族的一天：

7点铃声响起，开始起床忙碌：洗澡，穿职业套装——有些是西装、裙装，另一些是大套服，医务人员穿白色的，建筑工人穿牛仔和法兰绒T恤。吃早餐（如果有时间的话）。抓起水杯和工作包（或者餐盒），跳进汽车，接受每天被称为高峰时间的惩罚。

从上午9点到下午5点工作……装得忙忙碌碌，掩饰错误，微笑着接受不现实的最后期限。当"重组"或"裁员"的斧子（或者直接炒鱿鱼）落在别人头上时，自己长长地松了一口气。扛起额外增加的工作，不断看表，思想上和你内心的良知作斗争，行动上却和你的老板保持一致。再次微笑。

下午5点整，坐进车里，行驶在回家的高速公路上。与配偶、孩子或室友友好相处。吃饭，看电视。

8小时天赐的大脑空白。

文章中描写的那种机械无趣的生活离我们并不遥远。我们和美国普通劳动者一样，每天都在一片大脑空白中忙碌着，置身于一件件做不完的琐事和想不到尽头的杂念中，丝毫体验不到生活的乐趣，这个时候，我们就需要抛开一切，让自己休息一段时间，这样，你就会重新找到生活的意义和乐趣。

什么事情也不做，可以从每天抽出1小时。一个人静静地待着，放下所有的工作，当然前提是，你要找一个清静的地方，否则如果是有熟人经过，你们一定会像往常那样漫无边际地聊起来。也许刚开始的时候，你会觉得心慌意乱，因为还有那么多事情等着你去干，你会想如果是工作的话，早就把明天的计划拟定好了，这样坐着，分明就是在浪费时间。可是，如果你把这些念头从大脑中赶走，坚持下去，渐渐地你就会发现整个人都轻松多了，这1个小时的清闲让你感觉很舒服，工作起来也不再像以前那样手忙脚乱，你可以很从容地去处理各种事务，不再有逼迫感。你可以逐渐延长空闲的时间，4小时、半天甚至一天。

抛开一切事情，什么也不干，一旦养成习惯，你的生活将得到很大改善，把你从混乱无章的感觉中解救出来，让头脑得到彻底净化。

量力而为，才不会力不从心

生活里，有人为了获得巨大的利益，不停地调整自己的路线，甚至急躁地想要直奔利益的终点，可是急于求成的人往往会事倍功半。还有一些人，他们每天都在为了未来的事情操心，最后把自己弄得身心俱疲。但是命运只肯按照现实的样子，向我们展示生活，根本不可能因为我们的急躁就提前向我们展开未来的画卷。所以，我们只能按照自己既定的生活路线，一步一步慢慢地向前行走，为自己的未来打开局面。

有一位登山运动员攀登珠峰，在到达海拔8000米处时，因为感觉体力不支而停了下来。后来当他讲到这段经历时，大家都替他惋惜，为何不再坚持一下呢？再咬紧一下牙关，再攀一点高度！但是他非常肯定地说："不。我自己最清楚，海拔8000米是我登山生涯的最高点，我一点都没有遗憾。"因为他清楚地知道海拔

8000 米是他人生的最高点。

　　假如在攀登过程中，这位运动员不顾身体的劳累，咬紧牙关奋力向上，等待他的可能不是成功的喜悦，而是更强烈的高原反应，他也许会因体力不支而倒下，他也许再也没有办法继续他的人生。因此，他明智地退出，这样既保全了性命，又获得了属于自己的荣耀，同时也达到了自己人生的最高峰。如果我们在生活中也能这样量力而为，那么我们的人生将因此而充实无憾，我们前行的道路因此而绵延悠长。量力而为，才不会力不从心，才会领略到生命别样的风采。

　　对于工作和生活，我们不用刻意去追求，只要用心经营，憧憬着美好的前途，量力而行，即使眼前是一片荆棘，也不会觉得力不从心。我们或许会感叹自己的生活平淡无味，有时会觉得自己的工作琐碎繁重，有时会气馁于工作上的某种失败，但只要我们时常怀有感恩的心态，便能从腐朽中发现神奇，从平凡中寻到精彩，从失败中吸取教训。

　　我们需要跳出忙碌的生活，降低自己本身的期望，全身心地体验生活，放松地拥抱生活，才会发现生活原本就是简单而富有乐趣的。简单的生活并不代表着要枯燥乏味，而且正好相反，是我们听从内心的呼唤，抛弃那些纷繁而无意义的事情，投入新的生活，体验生活的本来色彩和淳朴趣味。

　　心灵是一方广袤的天空，它包容着世间的一切；心灵是一片宁静的湖水，偶尔也会泛起阵阵涟漪；心灵是一块皑皑的雪原，它辉映出一个缤纷的世界。尘世间，无数人眷恋轰轰烈烈，为了金钱，或者为了名利而狼狈地聚集在一起互相排挤、相互厮杀。而生活的智者却总能留一江春水细浪，淘洗劳碌之身躯，存一颗闲静淡泊之心，寄寓灵魂。追求更高的生活境界固然很好，但是必须记住：只有量力而为，才不会力不从心。

迎接改变，告别厌倦

由于长期重复着一种生活状态，琐碎、平凡的生活渐渐磨平了许多人最初的激情和向往。他们开始对自己的生活状态产生腻烦的情绪，甚至出现情感疲倦。

腻烦和疲倦其实是对生活状态两种迥然不同的注解。腻烦主要是对事物的关注和吸收能力达到一种饱和，如同一满杯水，不管再往杯子里注入多少水，水都会溢出一样；而疲倦则是对当前生活方式的厌恶，找不到一丝新鲜感和兴趣。当前职场中有很多人都处于工作的疲倦期。

"只要一提起上班，我心里就厌烦得不行，什么时候才能摆脱上班的痛苦？"李娟大学毕业没多久，就在一家外企供职。工作一年多后，她逐渐产生了"厌班症"。

李娟的工作并不是很复杂，作为公司的文员，她主要负责每天接收、发送一些文件，偶尔协助公司其他部门组织一些活动。

起初，李娟以饱满的热情进入公司。待熟悉公司的流程和自己的具体业务之后，她慢慢适应了当前的工作，并按部就班地做着这份在别人眼里很轻松的工作。时间一长，李娟渐渐地感觉到单调和无聊。

有几次，李娟都萌发出"跳槽"的想法，但遭到家里人的一致反对。母亲总是说她好高骛远，"这份在别人眼里想找都找不到的工作，可千万不要随便放弃。"

工作的单调无趣让李娟怎么也提不起工作热情，做着"鸡肋"一样的工作，她情绪一直都不高。"今后还要这样过日子吗？"想起这些，李娟就感到迷茫和无助。

　　案例中的李娟即进入了职场的疲惫期。我们常说在厌倦工作的时候，可以采取休息的方式帮助放松、缓解疲劳，但是对于上述情况，休息显然并不能帮助李娟摆脱"鸡肋"。李娟不如转换到其他不同性质的工作上。

　　换个工作，转移自己的注意力，重新调整自己的情绪继续出发，这是应对职场疲惫期的好办法。但是，任何一种生活方式过得久了，往往就没有新鲜感了，也有可能会再次陷入疲惫状态。不停地换工作并不是个长久之计。这时就需要我们在转换工作的时候，一定要将兴趣和需要紧密结合起来。类似李娟这种情况的人，可以结合自己的兴趣，制定一个切实可行的目标，为实现目标而努力将会感到生活更有新鲜感和趣味性。

　　改善厌倦的情绪还要从自身入手。如果是因为对事情不了解而没有兴趣，可以在工作中培养自己的兴趣。如，当深入处理枯燥的报表数据时，可能会对相应的电子表格软件产生兴趣。如果手头的工作实在提不起自己的兴趣，也得不到别人的认可，那么，不妨换个方式给自己以鼓励。可以将自己喜欢的事情安排在自己厌烦的事情之后，这样自己就有了做好手头事情的动力。当然，如果自己觉得当前这份工作实在是不适合自己，那么，放弃它也不失为明智的选择。

　　另外，要用一颗平常的心看待和接受自己的厌倦情绪，并针对产生这些厌倦情绪的原因进行疏导。不能刻意抑制，否则只能加重自己的反感情绪。当决定进行眼前工作的时候，自己就没有办法选择其他的工作了，唯一可以选择的就是改变自己的态度。厌倦大多数只是一时的情绪反应，过一段时期情绪就会缓和过来。因此，要正常看待自己的职场厌倦期。

当自己对一种生活方式感到厌倦的时候，不妨接受并寻找厌倦的原因，然后有针对性地做出改变。生活不可能一成不变，也不应该一成不变，变动的生活或许才更有朝气和活力。当需要改变的时候，也不要畏首畏尾，继续勇敢向前走。要相信：穷则变，变则通，通则久。做好迎接变化的各种准备，变化就可能给自己带来更多的惊喜。

第四章　提防抑郁，放下后悔

做自己最好的朋友

抑郁是人们常见的情绪困扰，是一种感到无力应付外界压力而产生的消极情绪，常常伴有厌恶、痛苦、羞愧、自卑等情绪。它不分性别年龄，是大部分人都有的经验。对大多数人来说，抑郁只是偶尔出现，历时很短，很快就会消失。但对有些人来说，则会经常地、迅速地陷入抑郁的状态而不能自拔。当忧郁一直持续下去，愈来愈严重以致无法过正常的生活时，即变成抑郁症。

抑郁是人性的一部分。在情绪不好的时候，在需要向别人倾诉的时候，千万不要一个人默默地独自承受。

青春本该是无忧无虑的，青春期的孩子都有着最纯真的笑容和最年轻无畏的心。但是，14岁的凯瑞却不这么认为，她在心里埋怨着这"烦恼的花季"。自从进入中学之后，凯瑞就从来没有开心过，每天都有做不完的作业和练习题。除了老师布置的作业，父母还专门给她请了钢琴老师教她弹琴。凯瑞也曾向父母抗议，但是父母根本没有理会她。

看着伙伴们在外面自由自在地玩耍，凯瑞却只能一遍又一遍地弹着练习曲，她的情绪越来越低落，常常一整天一言不发，不与同学交谈。因为很少见到她笑,同学们送给她"冷美人"的称呼。

凯瑞开始喜欢孤独，常常莫名其妙地流眼泪……

凯瑞在各种压力下，陷入了抑郁的漩涡。

有些抑郁症患者倾向于退居人群之外，他们对周遭的事物失去兴趣，因而无法体验各种快乐。对他们而言，每件事物都显得晦暗，时间也变得特别难熬。通常，他们脾气暴躁，而且，常试着用睡眠来驱走抑郁或烦闷，或者随处坐卧、无所事事。大部分人所患的抑郁症并不严重，他们仍和正常人一样从事各种活动，只是能力较差，动作较慢。

除出现抑郁外，身体上也会出现的变化，常见的症状有：

（1）在吃、睡以及其他方面失去兴趣或出现困难。

（2）对外在事物漠不关心。

（3）消化不良、便秘及头痛。

（4）与现实脱节。

（5）无故而发的罪恶感及无用感。

（6）幻想。

（7）退缩。

抑郁是一种很常见的情绪障碍，长期抑郁会使人的身心受到损害，使人无法正常地工作、学习和生活，但不需要过分担心。经过适当调适后，大多数人都可以恢复正常、快乐的生活。

面对压力时，坚强的人可以平稳地度过，而一些心理脆弱的人往往容易诱发抑郁情绪，甚至患上抑郁症。

日常生活中，也许你会因为没有做好一件事情而焦躁不安，甚至深深自责。其实你大可不必如此，你可以换一种方式来完成它。你可以将大事分割成小事，并规定自己一次只做一件事，这样完成一件事情就会变得容易很多。

当自己处于困境，或表现不好时，你可以对自己说："我已经尽力了,结果虽然和自己想象的有距离,但是肯努力就是一种进步,慢慢来,千里之行,始于足下。"这样,渐渐地你就会摆脱抑郁情绪的困扰。

同时,足够的信心对克服抑郁症也十分关键。生活中,很多已经克服了抑郁症的患者依然惴惴不安,总是担心抑郁症复发。自己心情稍有波动,就会误以为是抑郁又找上了自己。不要以为抑郁症总会复发,那样会给自己的心理造成一种消极暗示。

抑郁者常常会选择与孤独相伴,这样只会让自己在孤独中感到更加空虚、茫然。所以,你应该主动和人接触,不要总把自己封闭起来。你可以找自己信得过的朋友聊聊天,或多参加有益的活动等。

作为一种心理疾病,抑郁患者常常诋毁自己,使自己陷入一种自责、悔恨、恍惚、迷失之中。如果任凭自己这样发展下去,结果将会更加糟糕。这时最需要做的是接受自己,做自己最好的朋友,能从内心接受自己是抑郁者的最大突破。

没有人不幸到会遇上所有的坏事情,也没人幸运到会遇上一切的好事情,那为什么人的心境会有天壤之别呢?其实问题,恰恰在人的内心。当体验到了生活中美好的东西时,你的生活自然就充满激情了。

别让抑郁遮盖了五彩斑斓的生活

在我们的生活中,总会遇到诸如成绩下降、生病难受、父母离异、家庭窘迫等情况,这时很多人都会产生悲观、失望、忧郁、焦虑等情绪。

人生难免遭受挫折,总会遇到各种不如意。面对生命中的这些难题，我们应该积极应对，走出阴霾，不要让抑郁遮盖了青春的五彩斑斓。

小静是个多愁善感的女孩，常会为了一些平常的小事掉眼泪，一本煽情的小说、一部感人的电影，或是家里的小宠物生病了，都会使她非常难过。爸爸妈妈见到她这样，告诉她："你要是经常伤心，会很容易生病的。"听了父母这样的话，小静的眼泪更加不由自主地流了下来。

如今，小静上初三了，马上就要中考了，她变得更加容易忧伤了。因为她比较喜欢文学，而对数理化各科均不感兴趣，一到数理化考试，小静就很头痛，而考试结果更是让脆弱的小静难以接受。

同时，爸爸最近的表现也令小静感到很烦恼，她觉得爸爸不再像以前那么爱她了。以前，小静总是喜欢钻进爸爸的怀里撒娇，可现在她这样做的时候，爸爸就会说："小静，你已经长大了，不能总在爸爸的怀里撒娇。"小静便认为爸爸不再爱自己了。她每天都觉得不开心，心情就像阴沉沉的天空，随时就会下起雨来。

虽然心中有很多苦恼，但是小静从来不对别人讲，只是把它们深深地埋在心底。她觉得没有人能够体会到她的忧伤，而且还常常为此而偷偷地掉眼泪。由于心情很差，休息也不好，小静的身体越来越差，有一天上课的时候，她竟然晕倒在课堂上。老师和同学将她送进了医院，医生给小静做出了诊断：青春期抑郁症。

青春期原本应该是五彩斑斓的，但是抑郁却让青春期蒙上了一层阴影。其实不止是青春期，人生的各个阶段都不时会有抑郁的情绪来打扰，抑郁起源于对生活的不顺心，对此，我们应进行积极的心理调适，走出阴霾。以下八种方法，大家不妨一试：

第一，沉着冷静，不慌不怒。从客观、主观、目标、环境、条件等方面，找出受挫的原因，采取有效的补救措施。

第二，移花接木，灵活机动。原先的预期目标受挫，可以改用别的途径达到目标，或者改换新的目标，获得新的胜利，即"失之东隅，收之桑榆"。

第三，自我宽慰，乐观自信。能容忍挫折，心胸坦荡，积极乐观，发愤图强，满怀信心去争取成功。

第四，鼓足勇气，再接再厉。要勇往直前，加倍努力，要认识到正是生命中的种种不顺利才使我们变得聪明和成熟。

第五，情绪转移，寻求升华。可以通过自己喜爱的集邮、写作、书法、美术、音乐、舞蹈、体育锻炼等方式，使情绪得以调适、情感得以升华。

第六，学会宣泄，摆脱压力。找一两个亲近、理解你的人，把心里的话全部倾吐出来，摆脱压抑状态，放松身心。

第七，学会幽默，自我解嘲。幽默和自嘲是宣泄积郁、平衡心态、制造快乐的良方。我们不妨采用阿Q的精神胜利法或幽默的方法来调整心态。

第八，必要时求助于心理咨询。当你无法独自走出心理阴霾时，不妨求助于心理咨询机构。

人生在世，不可能事事得意、事事顺心。面对挫折能够虚怀若谷、大智若愚，保持一种恬淡平和的心境，这是人生的智慧。正如马克思所言："一种美好的心情，比十服良药更能解除生理上的疲惫和痛楚。"

不要长期沉浸在懊悔的情绪中

我们会因为自己做错事而产生懊悔的情绪，这种情绪本身是健康积极的，代表我们已经意识到事情的错误本质或者给别人造成的伤害，少量的懊悔情绪会让我们朝着弥补错误的方向去努力，做更加优秀的自己。但是，如果我们长期处在懊悔之中事情会变得越来越糟，则对身心是一种损耗，我们每天会惶惶不可终日，总是担心别人责怪我们，或是担心事情会变得越来越糟，而没有将懊悔的情绪转化为正面的行动。仅仅用懊悔情绪而不是正面行动来对待错误，会让我们的损失更大，甚至失去生活中的很多乐趣。

有一个著名的哲理故事"不为打翻的牛奶哭泣"，就说明了这个道理。

在美国纽约市的一所中学里，某班的多数学生常常为学习成绩不理想而感到忧虑和不安，以致影响了下一阶段的学习。一天，保罗博士在实验室给他们上课，他先把一瓶牛奶放在桌子上，沉默不语。

同学们不明白这瓶牛奶和这节课有什么关系，只见他忽然站了起来，一巴掌把那瓶牛奶打翻在水槽中，同时大喊了一句："不要为打翻的牛奶哭泣！"然后他叫所有同学围拢到水槽前仔细看那破碎的瓶子和淌着的牛奶。博士一字一顿地说："你们仔细看一看，我希望你们永远记住这个道理：牛奶已经淌完了，不论你怎样后悔和抱怨，都没有办法取回一滴。你们要是事先想一想，加以预防，那瓶牛奶还可以保住，可是现在晚了，我们现在所能做到的，就是把它忘记，然后注意下一件事！"

当牛奶杯子被打翻，牛奶洒了，你是该为洒了的牛奶而哭泣后悔，还是行动起来找出教训，以后不再打翻？答案是显而易见的，当然应该是后者。流入河中的水是不能取回的，打翻的牛奶也不能重新收集起来。或许你在一段时间里会自责不已，但请记住：不要为打翻的牛奶哭泣。牛奶打翻在地已是既成事实，即使你再哭泣，也于事无补。它不会吝惜你的眼泪，也不会被你感动。你只有调整情绪，面对现实，正视它，吸取教训，争取拥有一杯更纯、更好的牛奶。

当你经历挫折的时候，必须勇于忘却过去的不幸，重新开始新的生活。莎士比亚说："聪明人永远不会坐在那里为他们的损失而哀叹，却用情感去寻找办法来弥补他们的损失。"这就像那些明智的投资者，既然自己的投资已经构成了沉没成本，再欷歔嗟叹也于事无补，倒不如接受教训，放下包袱，轻装前行。

"吃一堑，长一智"是很重要的。如果你连续不断地打翻牛奶，那就应该好好反省，找出症结所在，把问题彻底解决。这样，每经历一次困难、挫折，你就会增长一些经验，获得更丰富的人生经历。如果你身边的人，他们没有打翻过牛奶，或是极少打翻过，那你最明智的做法就是，认真学习人家的经验，虚心地向他们请教。在没有打翻牛奶之前，找到避免打翻它的做法，是最经济、最有效的方法。

别让不幸层层累积

美国第六任总统约翰·昆西·亚当斯提醒人们说："不要把新掉的眼泪浪费在昔日的忧伤上。"乔治五世在他白金汉宫的墙上挂着下面这句话："我不要为月亮哭泣，也不要为过去的事后悔。"叔本华也说过："能够顺从，就是你在踏上人生旅途中最重要的一件事。"

一次不幸就已经让你有了一次负面情绪的体验，如果再后悔就会不断累积这种体验。在人的一生中，会时时遇到悔恨，但过多的悔恨如果不能及时清空，就会在日积月累中聚集生命的脆弱点，如同长堤中那些看似渺小的蚁群，由于它们的蚕食，长堤上的薄弱点越来越多，终有一天，长堤将被巨浪冲垮。

有一个小女孩，她从小就特别喜欢跳舞。但是，在她小学二年级时发生的一件事，影响了她的一生。因为她虚荣心比较强，她偷走了同桌的一块漂亮橡皮，后来她遭到全班同学的嘲笑。

小女孩的心里非常受伤，一时冲动就用圆规在自己的手背上刺了个印记。若干年后，小女孩出落得亭亭玉立了，在她满怀欣喜地准备报考自己最爱的舞蹈专业时，才发现这块突兀的印记在她白皙的手背上是多么的显眼。因为印记的关系，小女孩与舞蹈专业擦肩而过，而且在以后的生活中，她也是畏畏缩缩，不敢大大方方地把手拿出来，这也让她变得极不自信。就因为童年这个不幸的记忆，她逐渐变得讨厌自己，还患上了忧郁症。

要学会从过去的不幸中走出来，其中一个最好的方法就是每天播种一个希望，让希望引领你走出过去，迎接每一个崭新的日子。一个人关上过去的窗，打开未来的门，就如同一个人想给自己的衣柜里面再放进去一些新的衣服，但是旧衣服挤满了柜子，想让新衣服放进去，只有拿出那些旧的衣服，才能给新的衣服腾出空间。有人觉得拿出来扔掉太可惜了，但实际上这些旧衣服的利用率极低，只是占空间。这就如同人的大脑一样，如果里面存了过多灰暗、悲伤的事情，那么，未来幸福、美好的事情就无法填进你的大脑里面，人又怎么能快乐起来呢？

一个人要及时走出过去的情绪阴影。因为没有一个人是没有过失的，如果有了过失能够决心去改正，即使不能完全改正，只要继续不断地努力下去，心中也会坦然了。徒有感伤而不从事切实的补救工作，那是最要不得的。我们应当吸取过去的经验教训，但也不能总是在阴影下活着。内疚是对错误的反省，是人性中积极的一面，却又属于情绪的消极一面。我们应该分清这二者之间的关系，反省之后迅速行动起来，把消极变成积极，让积极的更积极。

我们不能抛弃过去，可是也不能做过去的奴隶。在心灵的一个角落里，珍藏起自己走过的路上遭遇的种种喜怒哀愁、酸甜苦辣，再把更广阔的心灵空间留给现在。

学会从失败的深渊里走出来

失败并不可怕，问题是我们能不能善待失败，能不能进行正确的情绪反馈。只要找到上次失败的原因，就会在下一次减少自己后悔的情绪，我们就会离成功越来越近。

乐观情绪的光环并不是只围绕那些成功者运转，只要我们及时放下后悔，也有成功的机会。善待失败，找出失败的原因，进行自我反思，就为下一步的成功奠定了基础。

错误可以说是这个世界的一部分，与错误共生是人类不得不接受的命运。但错误并不总是坏事，从错误中吸取经验教训，再一步步走向成功的例子比比皆是。因此，当出现错误时，我们应该了解错误的潜在价值，然后把这个错误当做垫脚石，从而获取成功。

1958年，弗兰克·康纳利在自家杂货店对面经营了一家比萨饼屋，筹措他的大学学费。19年后，康纳利卖掉3100家连锁店，总值3亿美元，他的连锁店叫作必胜客。

对于其他也想创业的人，康纳利给他们的忠告很奇怪："你必须学会反省失败。"他的解释是这样的："我做过的行业不下50种，而这中间大约有15种做得还算不错，那表示我大约有30%的成功率。可是你总是要出击，而且在你失败之后更要出击。你根本不能确定你什么时候会成功，所以你必须先学会反省自己为什么会失败。"

康纳利说必胜客的成功归因于他从错误中学得的经验。在俄克拉荷马的分店失败之后，他知道了选择地点和店面装潢的重要性；在纽约的销售失败之后，他做出了另一种硬度的比萨饼；当地方风味的比萨饼在市场出现后，他又向大众介绍芝加哥风味的比萨饼。

康纳利失败过无数次，可是他善于反省，总结失败的教训。

这就是自省的力量。如果你也能善于自我反省，总结失败的教训，把它们化作成功的垫脚石，那么成功就在前方不远处等着你。反省是一面镜子，它能照出失败的根源，也能照出负面情绪的可怕之处。

泰戈尔在《飞鸟集》中写道："只管走过去，不要逗留着去采下花朵来保存，因为一路上，花朵会继续开放的。"为采集路边的花朵而花费太多的时间和精力是不值得的，道路还长，前面还有更多的花朵，让我们一路走下去。

抓住过去的错误不放，久久徘徊在苦痛、悔恨中是不明智之举，因为在我们一直谴责自己的时候，会有很多机会从我们的身边溜走。古希腊诗人荷马说："过去的事已经过去，过去的事无法挽回。"昨日的阳光再美，也移不到今日的画册中。我们应该好好把握现在，珍惜此时此刻的拥有，不要把大好的时光浪费在对过去的错误的悔恨之中。过去所犯的错误就让它永远地过去，再懊悔也已于事无补，倒不如抖落一身的尘埃，继续上路，相信人生将有更美的风景在前方等待着你。

美国作家马克·吐温曾经经商，第一次他从事打字机的生意，因受人欺骗，赔进去19万美元；第二次办出版公司，因为是外行，不懂经营，又赔了 10 万美元。两次共赔将近 30 万美元，不仅把自己多年心血换来的稿费赔个精光，而且还欠了一大堆的债务。

马克·吐温的妻子奥莉姬深知丈夫没有经商的才能，却有文学上的天赋，便帮助他鼓起勇气，振作精神，重新走上创作之路。终于，马克·吐温很快摆脱了失败的痛苦，在文学创作上取得了辉煌的成就。

如果马克·吐温一直抓住过去的失败不放，那么他就没有成为著名作家的那一天。成功需要坚持，需要自己一次次从失败带给的情绪深渊中走出来。被情绪打败的人，永远不能品尝到成功的喜悦与甘甜。

失败并不可怕，我们只是被它打倒一次，受了点伤，流了点眼泪而已。但是如果你一直沉浸在失败带来的负面情绪中，就会觉得自己好像失去了双臂双脚，根本就没有力气爬起来。所以说，学会从失败的深渊里爬出来，才是我们接受失败之后应该做的事情，而不是活在失败情绪的阴影里。我们只有爬起来，才能再次出发，迎接未来的人生。

好心态创造好人生

积极和消极这两种截然相反的心态会带给人们巨大的反差。如果以消极的态度来对待一件事，这就决定了你不能出色地完成任务。只有以积极的态度来对待，你才能出色地、超乎寻常地完成这件事。当然，持有消极心态的人并非完全不能转变成一个具有积极心态的人。

一个人年轻与否，除了他（她）的生理年龄和外表，更重要的是他（她）的心理年龄，即是否拥有年轻的心态。如果你只是有一个年轻的外表，而失去一颗年轻的心，那你的"年轻"也不会保持多久。保持年轻的心态并不意味着要放弃做一个成年人，回归孩童的幼稚，而是要求我们对待现实要更积极一些、热情一些。

积极的心态能使你集中所有的精神力量去成就一番事业。当你以积极的心态全力以赴时，无论结果如何，你都是赢家。任何事物都有两面性，至于我们所知所欲的境地，其实都是基于自己将意愿刻印在潜意识中的结果。如果对此一味悲哀，或无所适从，不但无法改变目前的状况，而且也很难实现人生理想。所以说，即使身处绝境，也应保持积极的思考态度，积极的思考能使你集中所有的精力去成就事业。

有一位妈妈，她有一位读高中而且网球打得很好的女儿。有一年，学校举行网球联赛，女儿信心十足地报了名，满怀着夺冠的希望。

比赛前，当女儿查看赛程表时，发现第一场和自己比赛的竟是曾经打败她的高手，她为此垂头丧气。"这次可能连预赛出线的机会也没有了。"

妈妈对她说："你想不想把那人打败呢？"

"当然想呀，不过她上次把我打得很惨，我们的实力相差太远了。"

"我有一个方法，如果你照着我的话做，你便能赢这场比赛。"

"真的吗？请妈妈快点儿告诉我吧！"

"你现在闭上眼睛，回想以前你打网球时最精彩的一幕，好好地感受胜利的滋味。"

女儿照着妈妈的话去做，脸上的绝望不见了，换来的是一片容光焕发。对面临的比赛态度的改变，让她充满了信心和活力。

不久，比赛开始了。女儿信心百倍地踏上球场，施展浑身解数，把对方打得落花流水，顺利地赢得第一场比赛。

　　想想积极的事，有助于心态的改变。凡事不从好的方面去想，往往可能还没有去做某件事，就失去了信心，其结果很可能朝着不利的方向发展。做什么事，都要有积极的心态，都要从好的方面去想。当你想象自己会成功时，你就会增强信心，并努力地去实践。从好的方面想，才有好的结果。

　　积极的人生态度是一个人获得成功与快乐的一项重要原则，我们可将此原则运用到自己所做的任何事情上，这样我们会幸福到永远。

　　事实上，如果我们有一个积极的心态，并引导它为我们的目标服务，那么，积极心态就能为我们带来成功；生理和心理的健康；独立的经济；出于爱心而且能表达自我的工作；内心的平静；驱除恐惧的信心；长久的友谊；长寿而且各方面都能取得平衡的生活；免于自我限定；了解自己和他人的智慧。

　　而如果我们所抱持的是消极的人生态度，我们将会尝到生命中的贫穷和凄惨；生理和心理疾病；使你变得平庸的自我限定；恐惧和所有具有破坏性的结果；敌人多，朋友少的处境；人类所知的各种烦恼；成为所有负面影响的牺牲品；屈服在他人意志之下；对人类没有贡献的颓废生活。

　　通过比较，到底应该树立什么样的人生态度，应该是显而易见的了。

第五篇

激发自己的积极情绪

　　人在开心的时候，体内会发生奇妙的变化，从而获得不竭的动力和力量。因此，我们可以利用情绪高涨期不断激励自己，有了积极的心态，在工作和学习中自然精力充沛。同时，积极情绪还能激发人的创造力和自信心，从而对我们的生活和学习、工作起到积极的作用。

第一章　相信阳光一定会再来——永怀希望

事情没有你想象的那么糟

　　人的一生不可能永远一帆风顺，大部分时间都是平淡的，还有不少时间是灰暗的。这些灰暗的日子被我们称之为苦难，面对苦难，每个人的承受能力不同，会表现出不同的情绪。有些人可以乐观应对，有些人却陷于其中不能自拔。乐观者，往往能以积极的心态看待问题，这样不仅可以使自己心情愉悦，而且正视问题的同时也可以使问题得到很好的解决；悲观者，总是感慨命运不济，认为自己是世界上最不幸的人，这样不仅不能解决问题，而且会加剧自己的痛苦。

　　很多刚刚步入社会的年轻人，由于自身的经验、才能都尚在成长之中，情绪容易受外界影响，加上社会上竞争激烈，各个用人单位对人才的要求不尽相同，面试遭淘汰，或者工作不适被辞退，这都是很正常的事情，我们不必为此耿耿于怀。只要我们相信自己，时刻提起精神，终会有"柳暗花明又一村"的新景象等待着我们。因为当生活把苦难带给我们时，其实又给我们推开了一扇窗，所以事情并没有你想象的那么糟。让我们学着用积极的态度去面对苦难，在苦难中学习，在苦难中成长。当越过苦难，这个过程就变成一生弥足珍贵的记忆。

西娅在维伦公司担任高级主管，待遇优厚。但是，突然不幸的事情发生了，为了应对激烈的竞争，公司开始裁员，而西娅也在其中。那一年，她43岁。

"我在学校一直表现不错，"她对好友墨菲说，"但没有哪一项特别突出。后来，我开始从事市场销售。在30岁的时候，我加入了那家大公司，担任高级主管。我以为一切都会很好，但在我43岁的时候，我失业了。那感觉就像有人在我的鼻子上给了我一拳。"她接着说，"简直糟糕透了。"西娅似乎又回到了那段灰暗的日子，语气也沉重了许多。

"有一段时间，我不能接受自己失业的事实。躲在家里，不敢出门，因为每当看到忙碌的人们，我都会觉得自己没用，脾气也越来越坏，孩子们也越来越怕我。情况似乎越来越糟糕。但就在这时，转机出现了。一个月后，一个出版界的朋友询问我，如何向化妆业出售广告。这是我擅长的东西。我重新找到了自己的方向：为很多上市公司提供建议，出谋划策。"两年后，西娅已经拥有了自己的咨询公司。她已经不再是一个打工者，而是成了一个老板，收入自然也比以前多了很多。

"被裁员是一件糟糕的事情，但那绝不是地狱。也许，对你来说，可能还是一个改变命运的机会，比如现在的我。重要的是对它如何看待，我记得那句名言：世界上没有失败，只有暂时的不成功。"西娅真诚地对墨菲说。

相信任何人在面临西娅那样的遭遇时都会苦恼不已，沉浸在低迷的情绪状态中。但是只要迅速地调整心态，转个弯就能找到另一条出路，就能获得成功。像西娅那样，即使被单位解聘淘汰了也不用计较，走过去，前面将有更光明的一片天空在等待着我们。

海伦·凯勒曾经说过："当一扇幸福的门关起的时候，另一扇幸福的门会因此开启;但是,我们却经常看着这扇关闭的大门太久,而没有注意到那扇已经为我们开启的幸福之门。"这正是上帝在以另一种方式告诉我们,我们未尽其才,"天生我材必有用",不如天生我材自己用,社会不残酷不足以激发我们的生命力,竞争不激烈不足以显示我们的战斗力。

困难中往往孕育着希望

有人说,从绝望中寻找希望,人生终将辉煌。在人的一生中,积极的情绪是一种有效的心理工具,是能够把握自己命运的必备素质。如果你认为自己能够发挥潜能,那么积极的情绪便会使你产生力量和勇气,从而使你如愿以偿。

千万不要把事情想象的那么糟糕,也许明天早晨它就会出现转机。这是所有成功者给我们留下的忠告。成大事者必须要在情绪低落的时候,激发自己的积极情绪,从而获取成功。

人的一生中,难免会遇到各种各样的困难,总会遇到一些不称心的人、不如意的事,此时,应该以什么样的心态面对这一切呢?如果你有快乐而又自信的好习惯,那么效果往往是出人意料的。

看一看这个故事吧:

美国联合保险公司有一位名叫艾伦的推销员,他很想当公司的明星推销员。因此他不断从励志书籍和杂志中培养积极的心态。有一次,他陷入了困境,这是对他平时进行积极心态训练的一次考验。

那是一个寒冷的冬天,艾伦在威斯康辛州一个城市里的某个街区推销保险单。结果却没有售出一张保险单。他对自己很不满意,但当时他这种不满是积极心态下的不满。他想起过去读过的一些保持积极心境的法则。

第二天，他在出发之前对同事讲述了自己昨天的失败，并且对他们说："你们等着瞧吧，今天我会再次拜访那些顾客，我会售出比你们售出总和还多的保险单。"基于这种心态，艾伦回到那个街区，又访问了前一天同他谈过话的每个人，结果售出了66张新的事故保险单。这确实是了不起的成绩，而这个成绩是他当时所处的困境带来的，因为在这之前，他曾在风雪交加的天气里挨家挨户地走了8个多小时而一无所获，但艾伦能够把这种对大多数人来说都会感到的沮丧，变成第二天激励自己的动力，结果如愿以偿。

这个故事告诉我们的是：人生充满了选择，而生活的态度决定一切。你用什么样的态度对待你的人生，生活就会以什么样的态度来对待你，你消极，生活便会暗淡；你积极向上，生活就会给你许多快乐。

当人们遭到严重的（或一定的）挫折以后所产生的诸如失落、无奈、困惑等情绪，会使自己对未来失去信心，因而处于牢骚满腹的心理状况，于是老气横秋，怨天怨地，长吁短叹。这些本是一些力不从心的老年人的"专利"，却使血气方刚、本应开拓事业、享受生活美好时光的年轻人，也沾染了这个毛病，结果失去青春的活力，失去人生的乐趣。

只有正确地对待生活，保持良好的情绪才能克服各种困难，快乐地生活。

当你的意识告诉你"完了，没有希望了"，你的潜意识也就会告诉你，绝处可以逢生，在绝望中也能抓住希望，在黑暗中总有一点光明。不错，黎明前的夜是最黑的，只要我们在漆黑的夜中能看到一线曙光，那么，我们就要相信光明总会到来，事情总会有转机。不要消沉，不要一蹶不振，你只要抱有积极的情绪，相信大雨过后天更蓝，船到桥头自然直。

任何时候都不要放弃希望

著名的英国文学家罗伯特·史蒂文森说过："不论担子有多重，每个人都能支持到夜晚的来临；不论工作多么辛苦，每个人都能做完一天的工作，每个人都能很甜美、很有耐心、很可爱、很纯洁地活到太阳下山，这就是生命的真谛。"确实如此，唯有流着眼泪吞咽面包的人才能理解人生的真谛。因为苦难是孕育智慧的摇篮，它不仅能磨炼人的意志，而且能净化人的灵魂。如果没有那些坎坷和挫折，人绝不会有丰富的内心世界，也不会从中吸取经验。苦难能毁掉弱者，同样也能造就强者。

有些人一遇到挫折就灰心丧气、意志消沉，甚至用死来躲避厄运的打击。这是弱者的表现，可以说生比死更需要勇气。死只需要一时的勇气，生则需要一世的勇气。人的一生中都可能有消沉的时候，居里夫人曾两次想过自杀，奥斯特洛夫斯基也曾用手枪对准过自己的脑袋，但他们最终都以顽强的意志面对生活，并获得了巨大的成功。可见，一时的消沉并不可怕，可怕的是陷入消沉中不能自拔。

做一个生命的强者，就要在任何时候都不放弃希望，耐心等待转机来临的那一天。

从前，两军对峙，城市被围，情况危急。守城的将军派一名士兵去河对岸的另一座城市求援，假如救兵在明天中午赶不回来，这座城市就将沦陷。

整整两个时辰过去了，这名士兵才来到河边的渡口。平时渡口这里会有几只木船摆渡，但由于兵荒马乱，船夫全都避难去了。本来他可以游泳过去，但现在数九寒天，河水太冷，河面太宽，而敌人的追兵随时可能出现。

他的头发都快愁白了，假如过不了河，不仅自己会成为俘虏，整个城市也会落在敌人手里。万般无奈，他只得在河边静静地等待。这是一生中最难熬的一夜，他觉得自己都快要冻死了。他感到四面楚歌、走投无路了。自己不是冻死，就是饿死，要么就是落在敌人手里被杀死。更糟的是，到了夜里，刮起了北风，后来又下起了鹅毛大雪。他冻得瑟缩成一团，甚至连抱怨命运的力气都没有了。此时，他的心里只有一个念头：活下来！

他暗暗祈求：上天啊，求你再让我活一分钟，求你让我再活一分钟！也许他的祈求真的感动了上天，当他气息奄奄的时候，他看到东方渐渐发亮。等天亮时他惊奇地发现，那条阻挡他前进的大河上面，已经结了一层冰壳。他在河面上试着走了几步，发现冰冻得非常结实，他完全可以从上面走过去。

他欣喜若狂，从冰面上轻松地走过了河面。

因为没有放弃希望，所以这名士兵等到了转机，从而给自己等来了重生的机会。可见，事事没有绝路，只要我们不放弃希望，那么即使是再危难的处境，也可能绝处逢生。也只有坚持不放弃的人，才能够走向最终的胜利。

事实上，处在绝望境地的拼搏，最能激发人身体里的潜在力量。每个人都是凤凰，但是只有经过命运烈火的煎熬和痛苦的考验，才能浴火重生，并在重生中得以升华。只有心中充满了胜利的希望，才不会被任何艰难困苦所打倒。

别让精神先于身躯垮下

当我们面对挫折和困难时，逃避和消沉情绪是解决不了问题的，唯有以积极的心态去迎接，问题才有可能最终被解决。积极乐观的人每天都拥有一个全新的太阳，奋发向上，并能从生活中不断汲取前进的动力。当我们处于困境中时，只要我们保持昂扬的精神，奋力拼搏，终将迎来阳光明媚的春天。

遗憾的是，很多时候我们的精神先于身躯垮下去了。

人在任何时候都不应该放弃信念和希望，信念和希望是生命的维系。只要一息尚存，就要追求，就要奋斗。其实，大自然始终在启迪着人们——在春花秋叶舞蹈般潇洒的飘落里，蕴涵着信念和希望；巨大岩石的裂缝中钻出的小草，昭示着信念和希望；不断被山风修改着形象的悬崖边的苍松展示着信念和希望。在任何时候，无论处在怎样的境遇，都不要放弃希望和信念。如果你的心灵已太久不曾有过渴望的涌动，请你轻轻地将它激活，让它焕发健康的亮色。下面，我们一起看一则关于信念的故事。

一场突然而至的沙尘暴，让一位独自穿行大漠者迷失了方向，更可怕的是连装干粮和水的背包都不见了。翻遍所有的衣袋，他只找到一个泛青的苹果。

"哦，我还有一个苹果。"他惊喜地喊道。

他攥着那个苹果，深一脚浅一脚地在大漠里寻找着出路。整整一个昼夜过去了，他仍未走出空阔的大漠。饥饿、干渴、疲惫，一齐涌上来。望着茫茫无际的沙海，有好几次他都觉得自己快要支撑不住了，可是他看了一眼手里的苹果，抿了抿干裂的嘴唇，陡然又添了些许力量。

顶着炎炎烈日，他又继续艰难地跋涉。三天以后，他终于走出了大漠。那个他始终未曾咬过的青苹果，已干巴得不成样子，他还宝贝似的攥在手中，久久地凝视着。

在人生的旅途中，我们常常会遭遇各种挫折和失败，会身陷某些意想不到的情绪困境之中。这时，不要轻易地说自己什么都没有了，其实只要心灵不熄灭信念的圣火，努力地去寻找，总会找到能渡过难关的那"一个苹果"。攥紧信念的"苹果"，就没有穿不过的风雨、涉不过的险途。所以，无论面对怎样的环境，面对多大的困难，都不能放弃自己的信念，放弃对生活的热爱。因为很多时候，打败自己的不是外部环境，而是你自己的情绪。

第二章 对生命满怀热忱的心——常怀感恩

感谢你所拥有的，这山更比那山高

生活中，我们很难做到不与人进行比较。如果我们没有一颗感恩之心，那么在各种各样的比较下，我们很容易产生心理和情绪上的偏差。我们又不太可能隐居在乡间，所以我们只能不断调整自己的情绪。

一对青年男女步入了婚姻的殿堂，甜蜜的爱情高潮过去之后，他们开始面对日益艰难的生计。妻子每天都为缺少财富而忧郁不乐，他们需要很多很多的钱，1万，10万，最好有100万。有了钱才能买房子，买家具、家电，才能吃好的、穿好的……可是他们的钱太少了，少得只够维持最基本的日常开支。

她的丈夫却是个很乐观的人，不断寻找机会开导妻子。

有一天，他们去医院看望一个朋友。朋友说，他的病是累出来的，常常为了挣钱不吃饭、不睡觉。回到家里，丈夫就问妻子："如果给你钱，但同时让你跟他一样躺在医院里，你要不要？"妻子想了想，说："不要。"

过了几天，他们去郊外散步。他们经过的路边有一幢漂亮的别墅，从别墅里走出来一对白发苍苍的老者。丈夫又问妻子："假如现在就让你住上这样的别墅，同时变得和他们一样老，你愿意不愿意？"妻子不假思索地回答："我才不愿意呢。"

他们所在的城市破获了一起重大团伙抢劫案。这个团伙的主犯抢劫现钞超过 100 万，被法院判处死刑。

罪犯押赴刑场的那一天，丈夫对妻子说："假如给你 100 万，让你马上去死，你干不干？"

妻子生气了："你胡说什么呀？给我一座金山我也不干！"

丈夫笑了："这就对了。你看，我们原来是这么富有：我们拥有生命，拥有青春和健康，这些财富已经超过了 100 万，我们还有靠劳动创造财富的双手，你还愁什么呢？"妻子把丈夫的话细细地咀嚼、品味了一番，从此变得快乐起来。

像那位丈夫一样，看看自己拥有的，自己原来已经很富有。那些总认为自己一无所有的人，他们心灵的空间挤满了太多的负累，从而无法欣赏自己真正拥有的东西。

我们要接受自己生活中不完美的地方，用"和自己赛跑，不要和别人比较"的生活态度来面对生活。如果我们愿意放下身价，观摩别人表现杰出的地方，从对方的表现看出成功的端倪，收获最多的，其实还是自己。不要与别人比华丽的服装而忽视了自己真正需要提升的东西。

感谢磨难，它们让你更加坚强

在人生的岔道口，若你选择了一条平坦的大道，你可能会有一个舒适而享乐的青春，但你会失去一个很好的历练机会；若你选择了坎坷的小路，你的青春也许会充满痛苦，但人生的真谛也许就此被你领悟。

人生其实没有弯路，每一步都是必需的。所谓失败、挫折并不可怕，正是它们教会我们如何寻找经验与教训。如果一路都是坦途，那只能像渔夫的儿子那样，沦为平庸。

有个渔夫有着一流的捕鱼技术，被人们尊称为"渔王"。依靠捕鱼所得的钱，"渔王"积累了一大笔财富。然而，年老的"渔王"一点儿也不快活，因为他三个儿子的捕鱼技术都极平庸。

于是他经常向智者倾诉心中的苦恼："我真不明白，我捕鱼的技术这么好，我的儿子们为什么这么差？我从他们懂事起就传授捕鱼技术给他们，从最基本的东西教起，告诉他们怎样织网最容易捕捉到鱼，怎样划船最不会惊动鱼，怎样下网最容易请鱼入瓮。他们长大了，我又教他们怎样识潮汐、辨鱼汛，等等。凡是我多年辛辛苦苦总结出来的经验，我都毫无保留地传授给他们，可他们的捕鱼技术竟然赶不上技术比我差的其他渔民的儿子！"

智者听了他的诉说后，问："你一直手把手地教他们吗？"

"是的，为了让他们学会一流的捕鱼技术，我教得很仔细、很耐心。"

"他们一直跟随着你吗？"

"是的，为了让他们少走弯路，我一直让他们跟着我学。"

智者说："这样说来，你的错误就很明显了。你只是传授给了他们技术，却没有传授给他们教训，对于才能来说，没有教训与没有经验一样，都不能使人成大器。"

正如智者所说，教训有时候比经验更有价值。没有经历过风霜雨雪的花朵，无论如何也结不出丰硕的果实，温室的花朵注定要失败。或许我们习惯羡慕他人的成功，但是别忘了，正所谓"台上十分钟，台下十年功"，在他们光荣的背后一定有汗水与泪水共同浇铸的艰辛。很多事情当我们回过头来再去看的时候，就会发现，历经磨难以后，生命的花朵反而更娇艳动人。

只有历经折磨，才能够历练出成熟与美丽，抹平岁月给予我们的皱纹，让心保持年轻和平静，让我们得到成长。所以，每一个勇于追求幸福的人，每一个有乐观豁达心态的人，都会感谢磨难的到来，唯有以这种态度面对人生，我们的生活才会洋溢着更多的欢乐和幸福，世界在我们眼里才会更加美丽动人。

对于生活中的各种折磨，我们应时时心存感激。只有这样，我们才会常常有一种幸福的感觉，纷繁复杂的世界才会变得鲜活、温馨和动人。一朵美丽的花，如果你不能以一种美好的心情去欣赏它，它在你的心中和眼里永远也不会娇艳妩媚，正如你的心情一般灰暗和没有生机。

只有心存感激，我们才会把折磨放在背后，珍视他人的爱心，才会享受生活的美好，才会发现世界原本有太多的温情。对折磨心存感激，是一种人格的升华，是一种美好的人性。只有对折磨心存感激，我们才会热爱生活，珍惜生命，以平和的心态去努力地工作与学习，使自己成为一个有益于社会的人。对折磨心存感激，我们的生活就会洋溢着更多的欢笑和阳光，世界在我们眼里就会更加美丽动人。

面对人生中各种各样不顺心的事，你要保持感谢的态度，因为唯有折磨才能使你不断地成长。法国启蒙思想家伏尔泰说："人生布满了荆棘，我们晓得的唯一办法是从那些荆棘上面迅速踏过。"人生是不平坦的，但同时也说明生命需要磨炼，"燧石受到的敲打越厉害，发出的光就越灿烂"。正是这种敲打才使燧石发出光来，因此，燧石需要感谢那些敲打。人也一样，感谢折磨你的人，你就是在感恩命运。

别以为父母的付出理所当然

一位诗人说过："我们的孩子是行走在天地间的心肝。"也许你熟悉这句话，但即使你读过一千遍，也未必能读出父母心中的感受。孩子是父母的心肝，一旦他们不在，父母就会立即感到空寂失落。

现在很多年轻人都对父母没有感恩之心，他们与朋友的关系很好，却与父母的关系很恶劣。他们在父母面前不掩饰自己的情绪，甚至随意发泄，把父母当成情绪的垃圾桶。但是，没有任何父母的付出是理所当然的，他们也有自己的喜怒哀乐，也需要你的平等对待。

有一对夫妇是登山运动员，为庆祝他们儿子一周岁的生日，他们决定背着儿子登上 7000 米的雪山。夫妇俩很快便轻松地登上了 5000 米的高度。然而，就在他们稍作休息准备向新的高度进发之时，风云突起，一时间狂风大作，雪花飞卷，气温陡降至零下三四十度。由于风势太大，能见度不足一米，向上或向下都意味着危险或死亡。两人无奈，情急之中找到一个山洞，只好进洞暂时躲避风雪。

气温继续下降，妻子怀中的孩子被冻得嘴唇发紫，最主要的是他要吃奶。可是在如此低温的环境下，任何一寸肌肤裸露都会导致体温迅速降低，时间一长就会有生命危险。怎么办？孩子的哭声越来越弱，他很快就会因为缺少食物而死。丈夫制止了妻子几次要喂奶的要求，他不能眼睁睁地看着妻子被冻死。然而，如果不给孩子喂奶，孩子就会很快死去。妻子哀求丈夫："就喂一次。"丈夫把妻子和儿子揽在怀中。喂过一次奶的妻子体温下降了两度，她的体能严重损耗。时间在一分一秒地流逝，孩子需要一次又一次地喂奶，妻子的体温在一次又一次地下降。

三天后，当救援人员赶到时，丈夫已冻昏在妻子的身旁；而他的妻子——那位伟大的母亲已被冻成一尊雕塑，却依然保持着喂奶的姿势屹立不倒。她的儿子，她用生命哺育的孩子正在丈夫的怀里安然地睡眠，他脸色红润，神态安详。为了纪念这位伟大的母亲，丈夫决定将妻子最后的姿势铸成铜像，让她最后的爱永远流传。

读过这个故事，你是否因为妈妈舍命护子而潸然泪下？在这个世界上，所谓的上帝，只不过是虔诚的信徒心中一个虚幻的影像或者寄托。真正创造了这个世界、支撑这个世界的，使这一片土地有绿的希冀的，更多地属于那些平凡、正直、善良、坚忍不拔、任劳任怨的父母们。

父母为了我们，即使背负了我们太多的情绪债务，也不会有任何怨言，他们还是会一如既往地关怀你、照顾你。即使他们心甘情愿做你情感的垃圾桶，也不能放纵自己。如果你学会了用理智的情绪对待父母，那么你才算一个真正成熟的人。

一位知名学者曾写下这样的文字：

当你1岁的时候，她喂你吃奶并给你洗澡，而作为报答，你整晚地哭着；当你3岁的时候，她怜爱地为你做菜，而作为报答，你把她做的菜扔在地上；当你4岁的时候，她给你买下彩色笔，而作为报答，你涂了满墙的抽象画；当你5岁的时候，她给你买既漂亮又贵的衣服，而作为报答，你穿着它到泥坑里玩耍；当你7岁的时候，她给你买了球，而作为报答，你用球打破了邻居的玻璃；当你9岁的时候，她付了很多钱给你辅导钢琴，而作为报答，你常常旷课并不去练习；当你11岁的时候，她陪你和你的朋友们去看电影，而作为报答，你让她坐到另一排去；当你 13 岁的时候，她建议你去把头发剪了，而你说她不懂什么是现在的时髦发型；当你 14 岁的时候，她付了你一个月的夏令营费用，而你却整整一个月没有打一个电话给她；当你 15 岁的时候，她下班回家想拥抱你一下，而作为报答，你转身进屋把门插上了；当你 17 岁的时候，她在等一个重要的电话，而你抱着电话和你的朋友聊了一晚上；当你 18 岁的时候，她为你高中毕业感动得流下眼泪，而你和朋友在外聚会到天亮；当你 19 岁的时候，她付了你的大学学费又送你到学校，你要求她在远处下车怕同学看见笑话你；当你 20 岁的时候，她问你"你整天去哪"，而你回答"我不想像你一样"；当你 23 岁的时候，她给你买家具布置你的新家，而你对朋友说她买的家具真糟糕；当你 30 岁的时候，她对怎样照顾小孩提出劝告，而你对她说"妈，时代不同了"；当你 40 岁的时候，她给你打电话，说亲戚过生日，而你回答"妈，我很忙没时间"；当你 50 岁的时候，她常患病，需要你的看护，而你却在家读一本关于父母在孩子家寄身的书；终于有一天，她去世了，突然，你想起了所有该做却从来没做过的事，它们像榔头一样痛击着你的心……

　　如果说爱是一股力量的话，那么，母爱绝非尘世间一股普通的力量，而是一股吸恒星之刚强、纳星月之柔肠、萃狂风暴雨、取闪电惊雷，日积月累逐渐形成的超自然神力。这股神力在母亲心中如蝴蝶般不断扇展，就算躲藏于荒草丛仰望星空，亦能感受到熠熠繁星朝她拉引，邀她一起完成瑰丽的星系；就算掩耳于海洋中，亦被大涛赶回沙岸，要她去种植桑田，好让海洋永远有喧哗的理由。对母亲而言，爱的付出不是一种责任，而是一种本能。因此，尽管她的孩子畸形弱智，被浅薄者视作瘟疫，遭社会遗弃，她也会忠贞于生生不息的母爱精神，让生命的光在孩子身上辉映。

许多时候，我们对抗着、逆反着、叛离着父母。长大了，又因为懒惰或是一心追求名利，慢慢忽略了亲情，忽略了一日比一日年迈的父母，忽略了双亲望眼欲穿的牵挂。千金散去还复来，亲情逝去永不返。年轻时我们总以为来日方长，却忘记了父母已经黄昏迟暮。说不定哪天，我们正为不失掉一次赚钱的机会而忙得天昏地暗的时候，却惊悉自己永远失去了至爱的亲人。所以，天下儿女们，找点空闲，常回家看看吧！或是认真地写封信，告诉双亲："好想你们！"这些许的点滴将会使他们获得莫大的慰藉和满足。否则，"子欲养而亲不在"，是世上最痛彻心扉的愧疚和遗憾。

父母是为你付出最多的人，也是你永远的牵挂、心灵的港湾，所以不要把父母的付出当作理所当然，千万不要等到失去了，才觉得珍贵而悔恨不已。为人子女者，应该珍惜这份伟大的爱，尽自己的孝道，以回报父母的爱。幸福，只需要常回家看看。

感谢对手，是他们激发了你的潜能

许多人都视对手为眼中钉、肉中刺，欲除之而后快。其实，如果没有对手，也许我们就会走向堕落，走向灭亡。人要对对手心存感激，而不应对对手怀有嫉妒之心，这样才能提高自己，化不利为有利。

有意义的生命才会精彩，精彩的生命才会有意义。快出发，寻找你的对手，让你的生命折射出迷人、永恒的光彩。

1996年世界爱鸟日这一天，芬兰维多利亚国家公园应广大市民的要求，放飞了一只在笼子里关了4年的秃鹰。事过3日，当那些爱鸟者还在为自己的善举津津乐道时，一位游客在距公园不远处的一片小树林里发现了这只秃鹰的尸体。解剖发现，秃鹰死于饥饿。

秃鹰本来是一种十分凶悍的鸟，甚至可与美洲豹争食。然而它由于在笼子里关得太久，远离天敌，结果失去了生存能力。还有一个类似的故事：

一位动物学家在考察生活于非洲奥兰洽河两岸的动物时，注意到河东岸和河西岸的羚羊大不一样，前者繁殖能力比后者强，而且奔跑的速度每分钟要快13米。

他感到十分奇怪，既然环境和食物都相同，何以差别如此之大？为了解开其中之谜，动物学家和当地动物保护协会进行了一项实验：在两岸分别捉10只羚羊送到对岸生活。结果送到西岸的羚羊发展到14只，而送到东岸的羚羊只剩下了3只，另外7只被狼吃掉了。

谜底终于被揭开，原来东岸的羚羊之所以身体强健，是因为它们附近居住着一个狼群，这使羚羊天天处在一个"竞争氛围"中，为了生存下去，它们变得越来越有"战斗力"；而西岸的羚羊长得弱不禁风，恰恰就是因为缺少天敌，没有生存压力。

上述现象对我们不无启迪，生活中出现一个对手、一些压力或一些磨难，的确并不是坏事。一份研究资料说，一年中不患一次感冒的人，得癌症的概率是经常患感冒者的6倍。至于俗语"蚌病生珠"，则更说明此问题。一粒沙子嵌入蚌的体内后，它将分泌出一种物质来疗伤，时间长了，便会逐渐形成一颗晶莹的珍珠。

生活中有各种各样的笼子，不少人的处境和那只笼子里的秃鹰相似。虽然它能让人暂时地乐而忘忧，流连忘返，但毕竟是笼子。可以设想，最后的结局只会和那只秃鹰没有什么两样。

人一定要觅得对手。知音难寻，对手更难求。没有对手，人们可能会不知所往，生命也将毫无意义。

战国时期，七雄并立，七个强有力的对手开始了长达百余年的角逐。最后，时势中的英雄始皇诞生，他运筹帷幄之中，决胜千里之外，将六个对手——击垮，"秦王扫六合，虎视何雄哉！"英雄铸就于对手之中。如果没有一群强有力的对手，英雄怎能矗立于人群？

感激对手，善待对手，你才能从对手那里找到自己的不足，得到帮助，从而化不利为有利，改变生存状况。没有压力怎会有动力？没有竞争怎会有进步？正是对手的追赶才驱使我们向前迈进，驱使我们生命的车轮不断地滚滚前行。对手促使我们进步，只有与对手共生存才能改写历史。

让感恩溢于言表

心理学家认为，人与人之间存在"互酬互动效应"，即你如何对别人，别人会以同样的方式给予回报。道声"谢谢"，看似平常，可它却能引起人际关系的良性互动，成为交际成功的促进剂。

向别人表示你的感谢是一个积极有意义的举动。从你那里得到过感谢的人，会希望将来再次受到你的谢意和肯定，因为他看到自己对你的帮助能够被你认识和赞赏。你的衷心感谢也会换来真心相报，以后，对方还会乐意帮助你的。

感恩是认定别人给予你的帮助的价值，是彼此感情顺畅交流的一种有效手段。当别人为你做了某些事情后，你应该表示感谢；当别人给予你关心、安慰、祝贺、指导以及馈赠时，你应该表示感谢；当别人为你做事而未成功时，那份情意也值得你感谢。

李华是一家电脑公司的编程员，一次在工作中遇到一个难题，他的同事主动过来帮忙。同事一句提醒的话使他茅塞顿开，李华很快就完成了工作，他对同事表示感谢，并请这位同事喝酒，他说："我非常感谢你在编那个计算机程序上给我的帮助……"

从此，他们的关系变得更近了，李华也因此在工作上获得了很大的成绩。

李华很有感触地说："是一种感恩的心态改变了我的人生。我对周围人的点滴关怀和帮助都怀抱强烈的感恩之情，我竭力要回报他们。结果，我不仅工作得更加愉快，所获帮助也更多，工作更出色，而且很快获得了公司加薪升职的机会。"

像李华一样，即使是别人对自己的点滴关怀和帮助，也要抱有一颗感恩之心。"滴水之恩，当以涌泉相报"，懂得感激别人为自己所做的一切，只有不把你所得到的帮助视为理所当然，你才能从别人那儿获得更多的帮助。感恩往往只是一句真诚的谢语或是一个小小的举止，却有着"赠人玫瑰，手有余香"的效果。

比尔的心脏有毛病，很容易疲倦。有一天他开车回到家里，感觉很累，希望能够小睡一会儿。这时候，一位邻居兴高采烈地跑来，说他帮比尔在园子里种了两棵菜。比尔随口说声"谢谢"，就进屋睡觉了，因为他感觉实在太困了。

睡意向比尔袭来，但他始终睡不着。比尔猛然坐起，明白自己的不安是因为没有向邻居衷心致谢。他立刻走出屋子，到园子里，向邻居为自己刚才的淡漠道歉，并重新真诚致谢。比尔说："这位邻居知道我的心脏有毛病，也知道休息对我很重要。当他知道我为了向他致谢而中断睡眠后，非常感动，又帮我多种了两棵菜。心中感激却没说出来，就好像包好礼物却没送出去，而我们两个都从再一次致谢中受惠。"

感恩需要表达，说出内心对他人的感激，让他人体会到你的感恩。通过传递感恩之情，比尔和他的邻居都得到了一种内心的感动和愉悦，"人非草木，孰能无情？"在这个尘世攘攘的时代，不时地听到人心不古这样的慨叹，而化解人与人之间的猜忌与不和谐的音符往往就是一句小小的"感激"。为什么要吝啬内心的感动呢？将它表达出来，你将为自己赢得一片天空，正像歌中所唱的："感恩的心，感谢有你，伴我一生，让我有勇气做我自己；感恩的心，感谢命运，花开花落我一样会珍惜。"

第三章 善待他人，胸怀更开阔——学会宽容

气量大一点儿，生活才祥和

生活中，有的人能活得轻松快乐，而有的人却活得沉重压抑。究其原因，无非是因为前者情绪稳定而且有包容一切的气量；而后者之所以感觉负担沉重，是因为度量太小，计较太多，总是沉浸在不安的情绪里。

事实上，任何人都不是完美无缺的，世界上不存在绝对完美的人，我们不论与谁交往，都不可能要求对方事事都能做到让我们满意的程度。气量小的人，往往不能容忍比自己优秀的人，也容忍不了和自己存在分歧的人。其实细细品味人生哲理，就会明白看似困难的事情也很容易解决，"以柔和驱赶仇恨"，这是布朗告诉我们的方式，这其实就是要求我们要有宽厚待人的气量。

美国的第十六任总统林肯是美国历史上一位颇有建树的总统，他在任期内完成了数项足以影响美国乃至世界的丰功伟绩。他的身上具备显著的优秀品质，坚韧、智慧、低调等，他的宽容品质也颇受世人的称赞。曾经发生过这样一件事：

林肯在任时期，一次他下令调动一些军队参与作战。命令下达之后，却受到了当时任作战部部长的史丹顿的阻挠，他拒绝执行林肯的此项命令，犯下了军队的大忌，还发牢骚表示对林肯此

项命令的不满、讽刺、嘲笑，甚至口不择言地说道："作为总统下达这种愚蠢的命令，他就是一个该杀的傻瓜。"

这件事很快被林肯得知。大家都在想，这次史丹顿对总统如此不敬，公开表示他的不满、怨恨，林肯一定不会放过史丹顿的。然而，林肯本人对这件事的态度非常出乎人们的意料。他没有恼羞成怒，而是静下心来检讨自己的命令是否妥当。他马上亲自找到史丹顿，征求他的意见。史丹顿丝毫不留情面地指出了此项命令的不当之处。林肯经过深思熟虑之后，最终认为自己的方案的确存在很大的问题，于是收回了命令。

林肯面对部下的阻挠，并没有震怒，而是用一种温和的态度处理这件事，这正说明，越是位高权重的人，越应该尊重和采纳他人的意见，正所谓"得民心者得天下"，林肯总统得到了人们的拥戴和肯定，这都要得益于他的宽容大度，在他的领导下，整个美国才得以欣欣向荣地稳定发展。

小肚鸡肠的人，眼中的生活是灰色的，他们无时无刻不在算计着、不在担忧着；反之，心胸宽广的人，眼中的生活是彩色的，失去对他们来说是微不足道的，凡事不会时时刻刻抓在手中，他们懂得放下。身临其境地想一下，当把一切得失荣辱都视作浮云一朵的时候，生活不就变得轻松自如了吗？如果这只需要大一点儿的气量就可以办到，那何乐而不为呢？

人生的道路漫长而坎坷，在充满了艰辛的同时，也孕育着希望。我们活着，不要总是去抱怨自己生不逢时，不要总是抱怨没有结交到优秀的人。而是要对人多一份包容、多一份理解。能够让自己有气量去结交不同的人。气量和容人，犹如器之容水，器量大则容水多，器量小则容水少，器漏则上注而下逝，无器者则有水而不容。气量大的人，容人之量、容物之量也大，能和不同性格、不同脾气的人们融洽相处。能兼容并蓄，能接受别人的批评，也能忍辱负重，经得起误会和委屈。这样就能以轻松自如的心态来面对纷繁复杂的人间百态，让我们摆脱不满、愤恨的情绪，生活会变得简单，变得祥和。

做到心胸开阔，便能风雨不惊

人与人之间由于利益的争夺往往会形成竞争的关系。也许你的竞争对手会以君子的风度与你正当竞争，也许你的竞争对手会对你恶意诽谤，总之，会有林林总总的竞争出现。对此，我们是该抱着愤怒与仇恨的情绪以牙还牙、睚眦必报，一旦有机会，落井下石呢，还是放下负面情绪，宽容对方，化解他人的敌意呢？

深邃的天空容忍了雷电风暴一时的肆虐，才有风和日丽；辽阔的大海容纳了惊涛骇浪一时的猖獗，才有浩渺无限。一事不顺便心存憎恨，耿耿于怀，心灵上栽满荆棘，思想上遮满云雾，就变得抑郁，忧虑。很明显，我们要选择做前者，做容纳万物的天空和海洋。

但是，换个角度去想你曾经恨之入骨的敌人，带给自己的也并非只有伤害。正是敌人的虎视眈眈，才让你斗志昂扬，努力提升自己，迎接挑战。在一定程度上，对手能激发你的潜能，提醒自己克服懈怠。如果一个人能从大处着眼，那么这恰恰是"心胸天地阔"、思想境界较高的表现。

诚然，人的一生中会遇到各种各样的困难和与人之间的摩擦，难免会因为误会而彼此伤害，但纷争并不是我们共同的使命，宽容才是我们唯一的信仰。放开胸怀，用宽容的心胸去接纳这个世界，幸福将会不期而至。做到了心胸开阔，方能心态平和，心如止水；

做到了恬然自得，方能达观进取，笑看风云。

　　一位名叫卡尔的卖砖商人，由于与另一位对手的竞争而陷入困境。对方在他的经销区域内定期走访建筑师与承包商，告诉他们卡尔的公司不可靠，他的砖块不好，生意也面临歇业。卡尔对别人解释他并不认为对手会严重伤害到他的生意。但是这件麻烦事使他心中生出无名之火，真想"用一块砖来敲碎那人肥胖的脑袋作为发泄"。

　　"有一个星期天早晨，"卡尔说，"牧师布道时的主题是：要施恩给那些故意为难你的人。我把每一个字都记在心里。就在上个星期五，我的竞争者使我失去了一份25万块砖的订单。但是，牧师教我们要善待对手，而且他举了很多例子来证明他的理论。当天下午，我在安排下周日程表时，发现住在弗吉尼亚州的我的一位顾客，正因为盖一间办公大楼需要一批砖，而所指定的砖的型号不是我们公司制造供应的，却与我竞争对手出售的产品很类似。同时，我也确定那位满嘴胡言的竞争者完全不知道有这笔生意机会。"

　　这使卡尔感到为难，是遵从牧师的忠告，告诉对手这项生意，还是按自己的意思去做，让对方永远也得不到这笔生意呢？

　　卡尔的内心挣扎了一段时间，牧师的忠告一直在他心中回响。最后，也许是因为很想证实牧师是错的，他拿起电话拨到竞争对手家里。接电话的人正是那个对手本人，当时他拿着电话，难堪得一句话也说不出来。卡尔还是礼貌地直接告诉他有关弗吉尼亚州的那笔生意。结果，那个对手很感激卡尔。

　　卡尔说："我得到了惊人的结果，他不但停止散布有关我的谎言，而且还把他无法处理的一些生意转给我做。"

　　因为卡尔懂得包容，所以他没有把那股无名之火发出来，否则他将会酿成无法挽回的错误。

我们要懂得心胸开阔对于情绪健康的重要意义。这个世界我们无力改变，但心是我们自己的，心境不同，随之产生的情绪也就不同，焦躁疑虑的人看到的是毫无生命光泽的枯草，志定心安的人却能静看云卷云舒。很多时候，情绪的改变和外界无关，只是由于自身心境的变迁，"心中有快乐，所见皆快乐"，若以宁静而无杂念的心去看世界，虽然它并没有变样，我们却能享受到那份平淡中的永恒。这时我们再回头站在局外观看短短几十年的人生，会发现它只是宇宙的一次呼吸而已，那些凡尘琐事如过眼云烟般不值一提，有如此豁达的心境为伴，看问题便高人一筹，因此会减少很多不必要的情绪问题。

能够宽容待人，宽怀处世，不但需要广阔的胸襟，而且需要拥抱的勇气。当然，给别人以宽容的时候自己也可以获得一份宽慰和解脱；毕竟，没有结扣的心是无比舒畅的。能够化解彼此间的矛盾和误会，对于施者和受者都是精神上的一次放松。甚至一个小小的拥抱也可以为你赢得人心，赢得尊重。

原谅别人，其实就是放过自己

我们每个人可能都遭受过别人带给我们的伤害，我们也会做出各种各样的反应。但是不管反应有多小，这腔怒火也会烧到我们自己，对我们造成伤害。与其在耿耿于怀中让自己失去原本平和的生活，不如原谅别人。原谅别人，也就是熄灭自己的心中之火，抚平自己的情绪伤痕。

一位画家在集市上卖画，不远处，前呼后拥地走来一位大臣的孩子，这个孩子的父亲在年轻时曾经把画家的父亲欺诈得心碎而死去。这孩子在画家的作品前流连忘返，并且选中了一幅，画家却匆匆地用一块布把它遮盖住，声称这幅画不卖。

从此以后，这孩子因为心病而变得憔悴，最后，他父亲出面了，表示愿意出高价购买那幅画。可是，画家宁愿把这幅画挂在自己画室的墙上，也不愿意出售。他阴沉着脸坐在画前，自言自语地说："这就是我的报复。"

每天早晨，画家都要画一幅他信奉的神像，这是他表示信仰的唯一方式。

可是现在，他觉得这些神像与他以前画的神像日渐相异。

这使他苦恼不已，他不停地找原因。然而有一天，他惊恐地丢下手中的画，跳了起来：他刚画好的神像的眼睛，竟然像那个大臣的眼睛，而嘴唇也酷似。

他把画撕碎，并且高喊："我的报复已经回报到我的头上来了！"

可见，报复会把人驱向疯狂的边缘，使你的心灵不能得到片刻安静。当你无法忘记心中的怨恨，总是想着去报复时，最终受伤害的不仅仅是对方，对你造成的伤害也许更大。

心理学专家研究证实，心存怨恨有害健康，高血压、心脏病、胃溃疡等疾病就是长期积怨和过度紧张造成的。

由此可见，原谅不但是宽恕别人，更是宽恕自己。唯有学着宽恕，忘记怨恨，才能抚慰你暴躁的心绪，弥补不幸对你的伤害，让你不再纠缠于心灵毒蛇的咬噬，从而获得心灵的自由。

要学会宽容，起码要做到两条。首先，你要看到，自己也有很多的缺点，自己也有做错事的时候，自己本身并不是一个完人；而你原来认为不好的人，也有一些你没有的优点。所以，要学会看到自己的缺点，看到别人的优点。考虑问题时要试着从对方的角度出发,以求大同、存小异,这样你才能够善待他人,也善待自己。其次,你得承认,自己也曾得到别人的宽容,自己也需要别人的宽容。这样一想,我们还有什么不能宽容的呢?

宽容别人的同时,自己也就把怨恨或嫉恨从心中排解掉了,也才会怀着平和与喜悦的心情看待任何人和任何事,会带着愉快的心情生活。所以,在生活的磨难中逐步学会宽容,能原谅他人的人,心里的苦和恨比较少;或者说,心胸比较宽阔的人,就容易宽容他人。